저자(역자)와 책 소개

주요 저자인 터키 출신 Veziroglu 교수님은 1924년생으로 영국에서 박사학위를 받고 미국 마이애미대학 기계공학과의 교수로 근무하시고 정년퇴임하셨다.

1974년에 세계수소에너지학회(International Association for Hydrogen Energy)를 창립하고 회장으로 최근까지 근무하셨다.

역자는 1982년에 세계수소에너지학회에 가입하고 1997년 3월부터 1년간 마이애미대학에 가서 Veziroglu 교수님과 매주 토요일 오전에 수소연료전지자동차에 대한 공부와 토론했다.

2006년부터 현재까지 세계수소에너지학회 이사로 활동하며 2014년에 한국에서 열리는 20회 세계수소에너지대회(World Hydrogen Energy Conference)의 대회의장을 했다.

11년 전에 아들이 번역하였던 것을 이제 상세 번역을 하여 출판하게 되었지만 저자의 의도를 충분히 반영하지 못할 수 있어 걱정됩니다.

태양에너지, 수소, 풍력, 원자력, 화석연료(석탄, 석유, 천연가스), 자연 환경 관련 시민, 정부 관료들은 한번 읽어보기 바랍니다.

오병수 드림

international association for hydrogen energy
5794 SW 40th St. # 303, Miami, FL 33155, U.S.A.
www.iahe.org

Permission to translate from English to Korean

I hereby give permission to translate to Chang Mook Oh our book entitled "Solar Hydrogen Energy the POWER to save the Earth" from English language to Korean language.

T. Nejat Veziroglu
Emeritus President, International Association for Hydrogen Energy

태양 수소 에너지
SOLAR HYDROGEN ENERGY

지구를 구하는 원동력
The POWER to save the Earth

무한한 연료

FUEL FOREVER

저자 : John O'M. Bockris and T. Nejat Veziroglu

with Debbi Smith

삽화 : Heidi Weiss

번역 : 오병수 & 오창묵

역자 소개

오병수

전남대학교 공과대학 기계공학과 학사 & 석사
Stony Brook소재 뉴욕주립대학 기계공학 박사
전남대학교 공과대학 기계공학부 교수 & 명예교수
전남대학교 태양에너지연구소장
대통령자문 정책기획위원회 과학환경분과 위원
한국에너지기술평가원 수소연료전지 분야 평가위원
한국수소 및 신에너지 학회 명예부회장
세계수소에너지학회 이사
세계수소에너지대회 2014 대회의장
전남대학교 수소연료전지연구소장
(주) 오에너지 대표이사

오창묵

전남대학교 공과대학 기계공학과 학사
고려대학교 공과대학 기계공학과 석사
하이트랙 사장

태양 수소 에너지

인 쇄 2021년 1월 25일
발 행 2021년 1월 30일

저 자 John O'M. Bockris and T. Nejat Veziroglu with Debbi Smith
역 자 오병수·오창묵
발행인 정성택
발행처 전남대학교출판문화원
등 록 1981. 5. 21. 제53호
주 소 61186 광주광역시 북구 용봉로 77
전 화 (062) 530-0571~2
영업부 (062) 530-0573
팩 스 (062) 530-0579
홈페이지 http://www.cnup.co.kr
이메일 cnup0571@hanmail.net

값 10,000 원

ISBN 978-89-6849-773-5 (93420)

목 차

일러두기

환산 : 1 달러(US$) ≈ 1,000 원 내외 (800~1,200 원)
1 마일(mile) ≈ 1.6 km
1 피트(feet) ≈ 30 cm

머리말

점진적으로, 거침없이, 대기 중에 이산화탄소와 공해물질이 증가하고 있다.

결과적으로 지구온난화, 산성비와 공해는 생명이 살 수 있다고 알려진 유일한 행성인 지구의 생물권을 심각하게 손상시키고 있다. 그 결과는 동물상과 식물상뿐만 아니라 지구에 사는 사람들에게 엄청나고 광범위하게 바람직하지 않다.

일산화탄소, 황산화물, 질소산화물, 탄화수소, 그을음과 같은 공해물질과 이산화탄소의 증가는 석유, 천연가스와 석탄을 태우며 우리의 에너지를 구하는 사실 때문이다. 우리는 매일 진행되며 더 많은 이산화탄소와 공해물질을 공기 중에 더하고 상황을 더욱 나쁘게 만드는 화석연료의 의존성을 차단하여야 한다.

가까운 과거에, 저자들은 지구온난화, 산성비, 공해물질의 영향에 대해서만 설명할 수 있었고, 그리고 절망에 빠져 그들의 손을 비틀고 있다. 이제 우리는 화석연료의 세계적 의존성에 대한 해결책과 태양-수소 에너지 시스템으로써 그들의 손상된 영향을 회복하는 방법을 제공하고 있다.

이 책은 문제를 해결하기 위하여 할 수 있는 것과 독자 여러분들이 해결책의 한 부분을 담당하는 방법에 대한 명쾌하고 확실한 설명을 처음으로 한다.

John O'M. Bockris
T. Nejat Veziroglu
Debbi L. Smith

감사의 말

이 책을 만들기 위하여, 많은 사람들의 지지와 도움을 받았다.

우리는 텍사스 A&M 대학교의 Nigel Packham과 Jeffrey Wass, 마이애미 대학교의 Robert J. Adt, Jr, Frano Barbir, Jerome Catz, Akira Mitsui, Harold J. Plass, Jr, Sherif A. Sherif 와 Michael R. Swain, 워싱턴 D.C.의 Peter Hoffmann과 Curtis A. Moore를 포함한 우리의 가까운 동료들과 연구자들의 제안과 관심들에 대해서 매우 감사드린다.

우리는 또한 창의적이고 재미있는 삽화를 그려준 매우 재능이 있는 예술가, Heidi Weiss에게 감사드린다.

우리는 원고를 입력하고 또 입력하는 수고를 한 Donna G. Pressley와 Jainnie Leighmann에게 심심한 감사를 드린다.

그리고, 마지막으로 그러나 최소한, 이 책을 만드는 동안 용기와 지원을 보내준 우리들의 배우자들에게 감사한다.

John O'M. Bockris
T. Nejat Veziroglu
Debbi L. Smith

1부

1.

개요

갈수록 대중매체와 일상대화를 통해 우리들은 우리들이 제어할 수 없거나 아직 삶을 지배하고 있는 행동들로 인해 환경이 오염되며 망쳐지고 있다는 것을 알게 된다. 예를 들어, 우리들은 세상이 갈수록 온도가 올라가고 있고 북극빙하가 녹음에 따른 해수면 상승에 대한 사실 즉, 온실효과greenhouse effect를 들어봤다. 하지만 계속 진행되고 있는 또 다른 것들이 있다. 대량의 열을 주로 함유하는 비는 갈수록 산성화되어가고 있으므로, 물고기들은 강에서 죽어간다. 우리들 주변에 있는 숲들은 죽어가고 있다. 몇몇 빌딩들은 산성비로 인해 부식되어가고 있다. 그리고 인간건강은 늘어나는 환경오염으로 인해 고통받고 있다.

이러한 것들로 인해, 나라들은 공약과 응급조치로서 이러한 문제점을 다루고 있다. 주된 공약은 '현상들의 연구'

이며, 이 책에 언급되어 있듯이, 이런 문제점들의 원인들은 잘 알려져 있고 몇 년간 연구되어 온 것들이다.

가끔, 다양한 나라들의 최근 발표에 의하면, 교정하는 조치들이 약속된다. 그러므로 황의 양은 연료로부터 줄여나갈 수 있을 것이며, 마을로부터 연기가 멀리 날아가게 하기 위하여 공장 굴뚝은 높게 만들어진다. 그러나 기본적인 문제점은 언급되지 않았다. 우리는 우리가 현재 사용하고 있는 탄소를 함유하고 있는 연료들에서 탄소를 빼낼 필요가 있다, 그리하여 연료들이 이산화탄소를 만들지 않게 하며, 이 가스는 지구온난화를 발생시키는 원인이기 때문이다.

TALLER FACTORY CHIMNEYS TO TAKE SMOKE AWAY FROM THE TOWN

만약 우리가 이런 연료들을 화학 성분들로 생각하면, 그들은 두 원소, 탄소와 수소를 함유하고 있는 분자들로 구성되어 있는 것을 알 수 있다. 하지만 사실상, 이 두 성분들 중, 수소만 무공해 에너지를 발생시키는데 필요하다. 그 이유는 연료 중 수소가 연소 반응 속에서 (그리고 연소반응은 따뜻함과 다양한 에너지 운송 매개체인 전기를 생산하는 데에 이용된다) 해롭지 않은 증기와 물을 형성하기 위해 산소와 결합하기 때문이다. 그러나 현재 사용하고 있는 화석연료에 탄소(다른 화학 물질과 더불어)가 존재함에 따라서, 연소반응 이후에 배기가스나 굴뚝 공해물질로 나타나고 이산화탄소(CO_2)를 방출한다.

여러 해 동안, 공기 중에 많은 양의 이산화탄소가 배출되었다. 이런 이산화탄소는 태양의 열을 가둬놓고 지구의 대기층을 따뜻하게 하는, 즉 온실의 유리창과 같은 역할을 한다. 현재는 그다지 큰 영향을 주지 않지만, 아마 1/2 ℃ 정도, 하지만 시간이 지남에 따라 온도는 올라가게 될 것이다. 최근 여름철 기후는 급격한 온도증가 현상이 발생할 것이라는 것을 보여주고 있고, 현재의 탄소함유연료를 계속 사용하게 된다면 우리들은 미래에 숨 막히게 더운 열 이외에 아무것도 기대할 수 없다. 그래서 이 책을 통해 우리들은 열의 원인에 대해 설명하고, 왜 그리고 어떻게 이것이 발생하며, 교통수단들과 공장들의 동력으로 탄소함유연료를 계속 사용하게 방치한다면 어떠한 현상이 발생할 것인지를 알려줄 것이다. 이 책은 이런 연료를 사용할 필요가 없다는 방법을 보여줌으로써, 즉 다른 탄소가 없는 연료를 사용함으로써, 침울한 시나리오에서 벗어나 밝은 시나리오로 인도해 줄 것이다. 이는 국가적인 차원에서 해결해야 할 문제들이다. 하지만 사람들이 바뀌야할 필요가 있다고 주장해야 추진할 수 있다. 반대론자들은 이러한 변화는 많은 비용을 요구할 것이라고 말하지만 사실상 비싸지 않다. 세계경제 파탄을 방지하기 위해서 새로운 청정 연료를 점차적으로 사용하여야 한다.

이 책의 중요한 부분은 간단하다. 만약 우리들이 탄소함유연료를 계속 사용하게 된다면 열 때문에 질식사할 것이다. 더군다나, 이렇게까지 할 필요도 없다. 광대한 제조업을 위해 탄소가 없는 연료가 준비되어 있고, 사람들은 그런 연료가 생산되어야 한다고 요청하여야 한다. 변화를 일으키는 원동력은 여러분들 손에 달려 있다.

2.

오늘날 에너지를 어떻게 얻는가?

인류의 에너지로 사용되어지기까지 어떠한 특별한 계획이 있지 않았다. 그냥 발생하였다. 에너지 사용이 발전함에 따라, 우리의 개발도 발전하게 되었다. 미개발 사회에서 똥을 모으는 것으로부터 오늘날 사용하는 석유, 천연가스나 석탄을 사용하는 에너지 기술로 발전하였다. 에너지는 우리에게 빛과 열 같은 기본적인 편리함을 주고, 먼 곳까지 공기, 육지, 바다를 통해 여행할 수 있게 해주고, 공장을 만들고 작동하게 하거나, 세탁기나 컴퓨터로부터 전동 칫솔에 이르는 노동력을 절약하는 기기들까지 가능하게 해 주었다. 하지만 에너지 사용이 많아지고 더욱 복잡하게 됨에 따라, 아무도 지구가 해를 입을 것이라는 사실을 알 수 없었다.

이 장을 통해, 어떠한 에너지인지는 간략히 살펴보고 현재 어떻게 에너지를 사용할 것인지를 알아보자. 먼저 에너지를 정의하여 볼 것이다. 이것은 그렇게 쉽지 않다. 마치 도깨비불a will o'the wisp을 묘사하려고 노력하는 것과 같다. 꼬집을 수 있는 것이나 무게가 있는 건 아니지만 에너지가 존재한다는 사실은 자연스럽게 안다.

- 예를 들어, 열은 명백한 의미에서 따뜻함을 제공해 주는 근원이기도 하고, 일반적으로 느끼기엔 에너지이다. 열은 물을 끓여 만든 증기로 터빈을 작동시켜 전기를 생산하기도 한다. 그러므로 우리는 열은 에너지라는 걸 알 수 있다.
- 금속을 구부리는 것은 힘들 수 있지만 두 자동차가 부딪칠 땐 금속들이 구부러진다. 이런 충돌은 움직일 때 발생하는 에너지 또는 운동에너지이며 이 힘은 차를 망가뜨릴 수 있을 정도이다.
- 일반적으로 알려진 다른 형태의 에너지로는 저장에너지가 있다. 석탄은 에너지를 저장한 것이다. 그 이유는 공기 중에 있는 산소와 같이 연소시킬 때 열을 제공하여 물을 끓이고 터빈을 돌려서 전기를 생산할 수 있기 때문이다.

현재 3가지 기본적인 에너지의 형태(열, 운동, 저장)가 있다는 것을 알았을 것이다. 하지만 3가지 형태와 관련된 2가지 에너지 형태들이 더 있다. −화학 에너지와 전기 에너지.

- 화학에너지는 석탄에 저장된 에너지이고 화학 반응이 발생하는 곳에서만 방출된다. 예를 들어 석탄과 산소를 현존하는 열과 함께 반응 또는 일반적으로 연소라고 불리는 것들을 들 수 있겠다.
- 전기에너지는 또 다른 형태의 에너지이다. 몇몇 화학반응이 일어날 때 전자들은 방출되고 전류를 발생시킨다. 배터리는 이러한 방법으로 전기를 생산하는 한 종류이다. 전기는 자기장에서 전선 코일을 감아서 생산해 낼 수 있다. 이는 동력의 근원이다. 반대로, 전기에너지는 금속을 자화시킴으로써 자기전동기에 유용하게 이용된다. - 예를 들어, 엘리베이터에서처럼.

많은 형태의 에너지가 존재하고 인류사회가 발전함에 따라 에너지를 얻는 방법이나 사용 방법에서도 발전하게 된다. 앞으로 몇몇 장들을 통해 볼 주요 문제들은, 대부분 우리들이 필요로 하는 연료들이 탄소를 함유하고 있다는 것이다.

마력부터 핵력까지

선사시대 사람들은 일을 성취하기 위해 근육의 힘만을 사용했었다. 바퀴가 달린 마차를 끄는 말처럼 가정에서 키우는 동물들은 우리의 근력을 대체해주는 에너지의 초기 중요한 수단이었다. 그래서 우리는 특정한 일을 하기 위한 동력(단위 시간당 에너지)을 말들의 수가 가지는 동력 즉 마력으로 측정하기 시작했다.

뉴커먼 엔진

토마스 뉴커먼은 과거의 마차를 만드는데 힘썼다. 1712년 바로 전에 그는 최초로 실용적인 증기엔진을 만든 발명가이다. 그의 엔진은 석탄으로 보일러를 데워서 증기로 엔진을 구동시키는 단기통 엔진이었고, 채굴장에서 물을 퍼올렸다. 채굴장 작업자들에게 그의 발명품은 유용할 뿐만 아니라 뒤따르는 모든 증기기관의 선두주자였다.

하지만 그가 간과했던 것은 그의 영특한 발명품과 그 이후에 나온 것들이 이산화탄소를 공기 중으로 방출한다는 것이었다. 수년간, 석탄과 목재 그리고 나중에 석유와 가스가 연소함에 따라 이산화탄소와 그 밖에 다른 화학물질들이 점차적으로 대기 중에 축적되고 세계 인류를 위협하는 온실효과(4장 참조)가 열을 가둬두고 있다.

펌프에서 기차까지

석탄과 목재를 태움으로써 열을 얻는 다는 것은 명백한 사실이지만, 어떻게 한 형태의 에너지인 열이 유용한 에너지, 기계적인 에너지, 어떤 일을 할 수 있는 형태로 전환되는가?

뉴커먼 엔진에서는, 물이 끓을 때까지 가열된 후 수증기는 압력상태에서 피스톤이 들어있는 실린더로 공급된다. 고압상태로 수증기가 실린더에 들어가면 그 순간 빠져 나가려고 하는데 이 방법으로 피스톤을 밀어내고 펌프 축을 구동시킬 것이다. 만약 피스톤이 펌프 대신 바퀴와 연결되었다면 바퀴는 회전했을 것이다. 이게 1814년 조지 스테펜슨이 발명했던 초기 증기기관차 로케트The Rocket의 원리이다.

From pumps to trains

증기에서 벗어나서 내연기관이 도입되기까지

뉴커먼 증기엔진에서는 보일러 외부에서 불 즉 화염이 보일러 케이스 표면에 열을 전달하여 보일러 안쪽의 물을 증기로 만든다. 불에서 발생한 열이 공기 중으로 방출된다는 것은 낭비적이며 까다로웠지만, 조금 더 소형 엔진인 내연기관이 고안된 후 증기엔진은 그리 오래 가지는 않았다. 내연기관은 오늘날 자동차에 기본적으로 사용되고 있다.

Out of steam and into internal combustion

하지만 이 엔진은 폭발의 연속으로 빠르게 열에너지가 발생하기 때문에 증기기관보다 더 복잡하다. 피스톤의 매 행정당 한 진동이 된다. 이 과정에서 피스톤에 증기가 아닌 두 기체가 혼합되어 들어간 후, 반응하여 고온으로 폭발하는 혼합기로 팽창하여 피스톤을 밀어내고 바퀴를 구동시키게 된다. 이게 초당 약 50번 반복적인 폭발을 하며 여러분의 자동차를 움직이는 것이다.

내연기관 엔진에서는 공기 중의 산소와 증발상태의 석유증기가 혼합되어 있다. 스파크 불꽃은 폭발을 일으키게 하며 폭발된 기체들은 차가운 석유증기와 산소기체보다 더 고온이므로 더 많은 공간을 차지하려고 한다(기체는 온도가 올라감에 따라 팽창하기 때문). 이 과정이 피스톤을 밀어내려고 하는 것이다. 피스톤은 결국 차의 크랭크축을 움직이고 회전시킴으로써 바퀴를 구동시키게 된다.

전기

집에서 가전제품들이 몇 개인지 생각해 본 적이 있는가? 흔히 전구, TV, 스테레오 그리고 냉장고를 예로 들 수 있겠다. 이 밖에 다른 것은 어떤가? 커피메이커, 세탁기, 진공청소기, 헤어드라이어, 믹서기, 두들기는 음식기구beater나 식품가공기가 있다. 회사나 작업실에서 전기를 이용하는 컴퓨터로 많은 일을 수행하고, 각각의 컴퓨터에는 대부분 전기를 이용하는 프린터가 있다. 전자타자기, 전자우편기

계나 전자저울이 있을 지도 모른다. 사람들이 했던 흔한 공장 일은 오늘날 로봇이 대신 수행하고 있다. 만약 지불 수표가 팩스로 서명할 수 있다면, 서명을 가능하게 하기 위해서 전자보호기를 거친 상태여야 할 것이다. 대다수 위에서 언급한 이러한 제품들은 한 가지 공통점이 있다. 그들은 전동기를 통하거나 의존하여 작동된다.

니콜라 테슬라라고 불리는 사람은 오늘날 전동기의 선구자인 교류전동기를 발명했다. 그리고 1888년에 테슬라의 발명가적인 생각 덕분에 현재 전기 의존성이 감소하게 되었다. 이게 전기를 어떻게 생산하는 지를 고려해 봐야하는 이유이다.

오늘날, 19세기에 시범적인 프로젝트들로써 전기가 석탄으로부터 대부분 생산되었다. 1866년 요한 폰 지멘스는 석탄을 연소해서 발생한 열을 전기에너지로 바꾸는 발전기를 개발했다. 이 발전기는 석탄에서 나온 열로 공기를 데우며, 데워진 공기는 팽창하여 피스톤을 움직이며, 피스톤의 움직임은 회전자를 돌리고, 결국 회전자는 전기를 생산할 수 있도록 자기장에서 빠르게 회전하는 전선 코일 세트이다. 모터가 없는 기기들 예를 들어 전구나 TV세트를 제외하고, 발전기의 원리는 아직도 우리가 의존하고 있는 전동모터에 사용하는 전기를 생산하는 주요 방법이다.

전기는 훌륭하고 에너지의 다양한 전달매체이지만 회사에서 사용하는 기기나 세탁기를 위해 자연을 파괴할 필요는 없다. 그래서 우리들은 전기를 깨끗하게 생산하는 방법을 찾아야 한다.

핵에너지 - 열과 전기

한 때는 무궁한 전기에너지 공급원으로 알려진 핵에너지는 1940년 후반과 1950년 초반 이후로 개념이 바뀌졌다. 지금은 기존에 생각했던 것처럼 굉장히 싸다는 것 대신에, 핵발전소를 건설, 운영, 유지하는데 많은 비용이 들기 때문에 비싸다는 게 판명되었다.

핵에너지가 어떻게 동력화가 되는지를 알기 위해서는 먼저 원자구조를 조금 알아야 한다. 원자는 미세적인 측면에서만 봤을 때 태양계와 비슷하다. 원자에는 두 부분이 있다. 핵은 태양과 같이 원자의 중심에 있고, 태양 주위에 행성들이 있는 것처럼 주위에 전자들이 돌고 있다. 이게 전자들의 역할이며 그들이 화학적인 에너지를 생산하기 위한 그들 스스로의 배열이다. 화학에너지와 핵에너지의 차이점은 같은 무게를 가진 연료로부터 생산할 수 있는 에너지의 양이다. 원자의 핵으로부터 얻을 수 있는 에너지는 전자로부터 얻는 에너지보다 백만 배 많다. 이런 점으로 사람들이 핵에너지로부터 전기를 얻는 것이 매우 싸다고 생각했던 이유를 알 수 있다.

후에 사람들은 원자핵에서 에너지를 개발할 수 있다는 것과 에너지를 무기 이외의 다른 곳에 사용할 수 있다는 것을 발견하고, 핵 반응로(원자로)들이 건설되었다. 원자로는 전기를 생산하는데 증기기관이나 내연기관에서 사용한 것과 같은 원리를 사용한다. 핵에너지는 액체(보통 물)를 데워서 증기를 발생시켜 발전기의 로터를 회전시켜 전기를 생산하는 터빈을 작동시킨다. 핵에너지의 중요한 특징은 연료가 되는 우라늄이 석탄과 석유보다 훨씬 많은 '저장된' 에너지를 함유하고 있어서 조그만 양만 필요로 한다. 하지만 핵 발전의 주요한 문제점은 당연히 암을 발생시키는 방사능이고 매우 위험하다.

좋은 소식과 안 좋은 소식

지금까지 에너지를 얻을 수 있는 기초적인 방법을 보여주었다. 이에 관련해서 두 가지 좋은 것이 있다. 에너지는 저렴하다는 점과 우리들은 석유나 가스 그리고 석탄을 계속 이용할 수 있는 인프라와 시스템을 모두 갖추고 있다는 것이다.

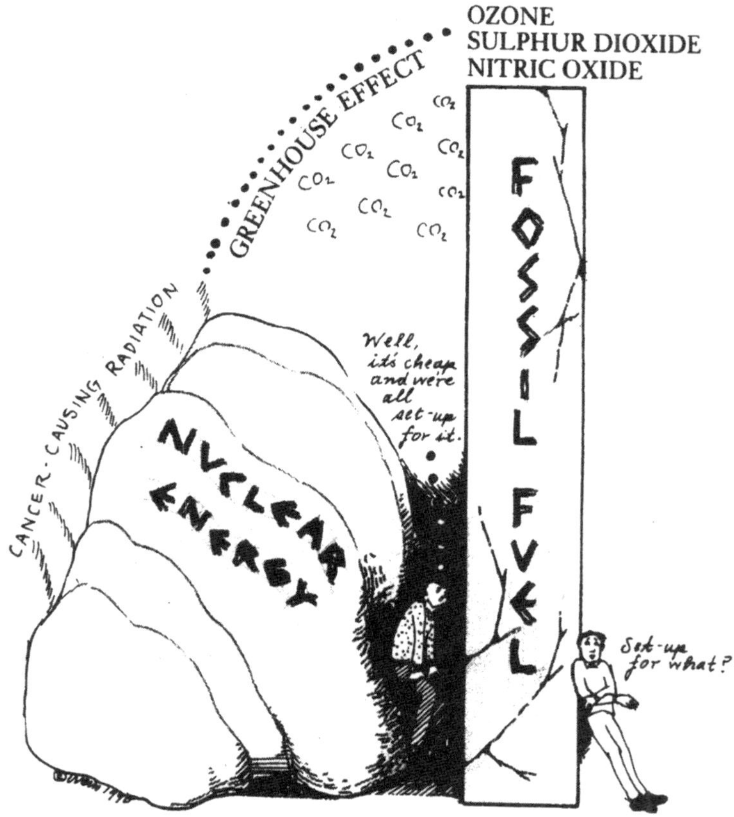

Between a rock and a hard place

안 좋은 소식은 비록 에너지는 저렴하지만 무한한 에너지가 아니라는 점과 다음 장에서 나오듯이 화석연료를 사용하는 것은 환경과 우리들의 건강에 악영향을 미친다는 점이다.

하지만 처음 언급한 두 가지 핵심들을 면밀히 조사해 보도록 하자. 우리가 사용하는 화석연료는 썩은 나무들이나 식물들 그리고 동물들로부터 구성된 것이다. 동물에게 먹이기도 하는 나무들과 식물들은 광합성을 위한 태양에너지에 의존한다. 이러한 에너지가 자연 속에서 수백만년 전부터 축약적으로 저장되어 가둬져 있다는 사실이 에너지가 저렴하다는 것을 의미한다. 우리는 우리 문명을 시작하고 발전시킬만한 일종의 거대한 저장된 자본을 가지고 있다고 말할 지도 모른다. 하지만 내일을 생각하지 않고 쓰는 소비습관은 버려야 할 때가 왔다. 모든 게 다 사라질 때까지 기다릴 수 없고 더 필요하다고 갈망할 필요가 없다. 우리는 상대적으로 몇 년 분량의 저장된 화석연료밖에 없고, 만약 계속 사용하게 된다면 환경적으로나 우리들의 건강상에 비용이 발생하는 현명하지 못한 투자일 것이다.

대신에 지금 배워야 할 일은 미래에 이러한 저장된 에너지를 사용하여 얻는 이윤을 위해 투자하는 것이다. 우리는 새로운 청정에너지시스템에 투자할 필요가 있다. 투자가 성공하게 된다면 미래는 보장될 것이며, 다음으로 우리들의 저장된 자본인 화석연료를 보존할 필요가 있고, 합성섬유, 잉크, 아스피린과 같이 화석연료 없이 생산할 수 없는 제품을 만들기 위하여 소량의 연료를 사용해야 한다.

3.

파멸의 이야기

환경오염

이 장을 통해서 생태계에서 발생하는 필요치 않은 몇몇 것들을 간단히 살펴볼 것이다.

가장 중요한 것은 당연히 온실효과(대기 중에 태양열을 가두기 때문에 행성이 따뜻해지는 현상)를 일으키는 CO_2 막일 것이다. 하지만 어디에서 CO_2가 발생하는 것인가?

탄소를 함유하고 있는 연료들

사람들이 초기에 연기를 뿜거나 폭발음 내는 차를 타려고 말과 마차 사용하는 것을 멈췄을 때, 그들은 처음에 자동차의 동력을 공급하는 연료를 만들려고 석유 정제에 의존해야 했다. 당시에는 지금과 같이 많은 주유소가 있지 않았고, 지금과 같이 생긴 탱크트럭도 현재처럼 만들지 못했다. 쉽게 말하면 운전하는 것과 주유하는 것은 현재보다 편리하지 못하였다.

오늘날, 우리가 선택하면 직장과 멀리 살 수 있는 편리함이 있고 매일 이동할 수 있다. 하지만 갈수록 증가하는 석유와 천연가스 양을 위하여 안 보이는 가격이 지불되고 있다. 같은 가격만큼을 석탄으로부터 전기를 생산하는데 쓰고 있고, 남은 석탄은 석유가 다 소모되었을 때 합성연료의 주 원료로 사용되어질 것이다. 이러한 연료들(현재 사용되고 있는 기본적인 연료들)은 모두 탄소를 포함하고 있고, 이러한 이유로 인해 공기 중에 있는 산소와 연소되거나 발화되면 이산화탄소, CO_2, 즉 온실 가스를 만든다.

수년간 CO_2는 많은 양이 발생하기 전까지는 암 발생도 일으키지 않고 독성이 없는 양호한 가스라고 여겨졌었다. 게다가 CO_2는 자연에서도(가끔씩 화산활동 중 많은 양이 배출) 공기 중으로 배출된다. 하지만 녹색 식물들이 설탕을 만들기 위하여 이산화탄소를 사용하는 광합성과 같은 다양한 과정들이 CO_2의 양을 알맞게 조절하고 있다. 그러므로 사실상 식물이나 생명체들은 CO_2 없이 살 수 없다. 차바퀴가 매일 굴러갈 때마다 대기 중으로 방출하는 소량의 CO_2는 어떤 문제가 있는 것인가?

하지만 점차적으로 수십 년이 흘러감에 따라, 특별하게 1970년도 이래, 과학자들은 자동차나 공장으로부터 공기 중으로 대량의 CO_2 방출이 우리가 살고 있는 세상에 해를 끼친다는 것을 알아냈다. 사실, 매우 심각하고 증가하는 문제이다. 그리고 1980년대에는 더욱 많은 사람들이 우리가 탄소 함유 연료를 사용함으로써 공기 중에 증가하는 CO_2 방출량의 위험을 알게 되었다. 불행하게도 대량의 CO_2가 일으키는 환경결과들의 끝을 알게 된 시기에는 연료와 발전시스템이 잘 자리 잡혀 있을 것이며 아무도 그것을 바꿀려고 하지 않을 것이다.

질소와 산소 결합

하지만 우리들에게 또 다른 심각한 문제가 있다.

기술집약적인 사회에서 에너지를 얻는 기초적인 방법은 연소과정을 통해 열을 생산하는 것이다. 우리들은 탄소함유연료들을 산소와 질소의 혼합물인 공기와 태워서 열을 얻는다. 이런 과정의 부산물은 이산화탄소(CO_2)와 수증기(H_2O)이다. 그러나 이러한 과정에서 우리가 그리 언급하지 않는 또 다른 화학반응이 발생한다. 공기 중에 있는 질소가 산소와 결합하여 흔히 NOx라고 불리는 가스를 형성한다. 사실 NOx는 2개의 분리된 가스들로 나타낼 수 있다. 이들은 일산화질소와 이산화질소이며 기호로는 NO와 NO_2로 나타낼 수 있다. 두 가스는 혼합되기 어려운 상태로 존재하

기 때문에 이들을 구분하는 것에 관한 언급은 되도록 피하도록 하겠다. 간단히 그들을 NOx라고 지칭한다.

CO_2와 달리 NOx는 오염된 공기를 들이쉴 때 폐 속에서 산성으로 변해서 직접적으로 피해를 준다. 이러한 원인으로 가장 주된 생리적 피해는 허파의 스폰지 같은 구조를 없애면서 공기 중으로부터 산소를 흡수하는 양을 점차 줄여간다. 그러므로 더 적은 산소가 혈액흐름에 합류한다. 결과적으로 죽음에 이르게 하지만, 이 문제가 일어나기 전에 만성적인 호흡곤란이나 폐기종과 같은 폐나 기관지염으로부터 고통 받을 것이다. LA에 있는 남부해변공기분지South Coast Air Basin에서 주된 건강상 악영향은 NOx 이거나, 또는 CO_2보다 석유에 산성분이 함유된 PANperoxyacyl nitrate, 퍼옥시아실 질산염)이다(page 38).

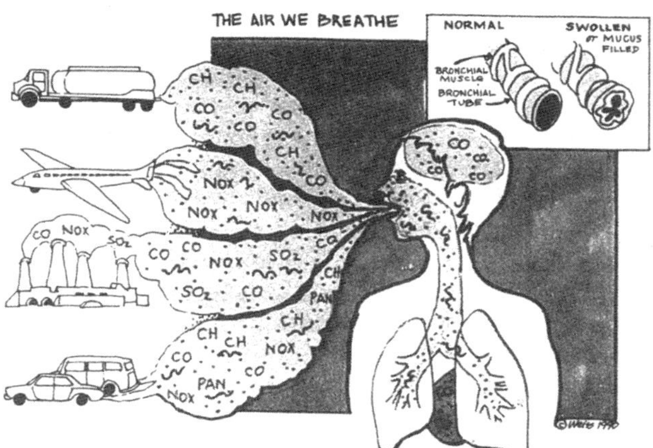

그래서 탄소함유연료를 태우는 것은 대기를 따뜻하게 하고 행성을 과열시킬 뿐만 아니라 우리 건강에 해로운 독성물질들도 생산하게 된다. 기관지 통로를 막고 폐병이 발생하게 될 것이다. 게다가 대기 중에 NOx의 양이 늘어남에 따라 나무들이 서서히 죽어가고 있다. 나무들은 병에 맞설 능력을 점차적으로 잃어가고 서서히 죽게 된다.

석탄과 석유에 있는 황의 해로운 영향들

몇몇 사람만이 기본적으로 석탄과 석유가 탄소뿐만 아니라 소량의 황을 포함하고 있다는 사실을 안다. 석유는 석탄보다 적게 있지만 여전히 남아 있다. 만약 석유와 석탄을 태운다면 (그리고 많은 양의 석탄을 전기를 생산하는데 쓴다면) 황 또한 동시에 생산될 것이다.

황은 황산 형태로 방출된다. 황산은 NOx와 같이 호흡기관과 같은 특정한 곳에 문제를 일으킨다. 그리고 대기 중으로 방출하게 된다면 산소를 함유한 삼산화황(SO_3)으로 존재하며 결국 빗물과 만나서 황산형태로 된다. 그래서 비가 내리면 비는 산성이 된다.

석탄 의존의 위험들

하지만 많은 사람들이 석탄은 잘 보존되어 있는 연료라고 말을 한다. 땅속에 수십억톤이 있을 것이며, 중동지역과 힘들어질 경우나 그곳에서 연료를 얻을 수 없을 경우, 우리들은 땅을 파서 석탄을 캐낼 수 있다. 그러나 우리가 석탄에 의존해서 살 수 있다고 생각하는 것은 큰 오산이다. 석유도 충분히 안 좋긴 하지만 석탄에 의존하는 것은 석유에 의존하는 것보다 더욱 심각한 오염을 일으키는 것이다. 석유대신 석탄을 사용하는 것은 오염문제를 극심하게 증대시킬 것이다. 석탄은 이산화탄소 문제를 가중시킬 뿐만 아니라 위에서 설명했다시피 황에서부터 황산을 만들어 낼 것이다. 공기 중에 떠다니는 재와 대기 중에 늘어나는 입자들과 스모그현상을 일으키는 문제들도 있다.

대부분 과학자들이 말한 바에 의하면 많은 양의 석탄이 있더라도 100년 남짓한 가치 밖에 되지 않는다. (몇몇 과학자들은 500년 정도라고 말한다.) 이렇게 불러일으키는 광대한 오염 때문에 석탄을 연소시키는 것은 가치 없는 것이다.

다른 오염물질들

석유를 연소시킴으로써 나오는 다른 오염물질은 퍼옥시아실질산염이라고 부르고 흔히 PAN이라고 한다. PAN은 매우 불쾌한 물질이다. 이것은 후두(목청)를 부풀게 하거나 염증을 일으키고 눈에도 염증을 일으킨다. 충분한 양을 마신다면 숨쉬기 어려울 정도로 목이 탈 것이다.

다음으로 명명할 것은 벤조피렌이고 몸에 장기간동안 심각하게 손상을 줄 것이다. 안 좋은 명성을 가지고 있는 이유는 폐암을 일으키는 담배를 피울 때 발생하는 화학물질이기 때문이다. 디젤 가스를 마신다면 암을 유발할 지도 모른다는 사실이 알려지지는 않았지만 우리들은 그곳에 존재한다는 것을 안다.

석유, 디젤이나 다른 연료와 같이 탄소함유연료를 연소시킬 때 발생하는 다른 문제점은 일산화탄소가 생산된다는 점이다. 일산화탄소는 이산화탄소와 매우 다르다. 일산화탄소는 독성이 있지만 이산화탄소는 독성이 없다. 일산화탄소는 충분한 환기 없이 자동차의 배기가스를 마실 때 사람들을 질식시키게 한다. 일산화탄소는 안개가 가득찬 곳

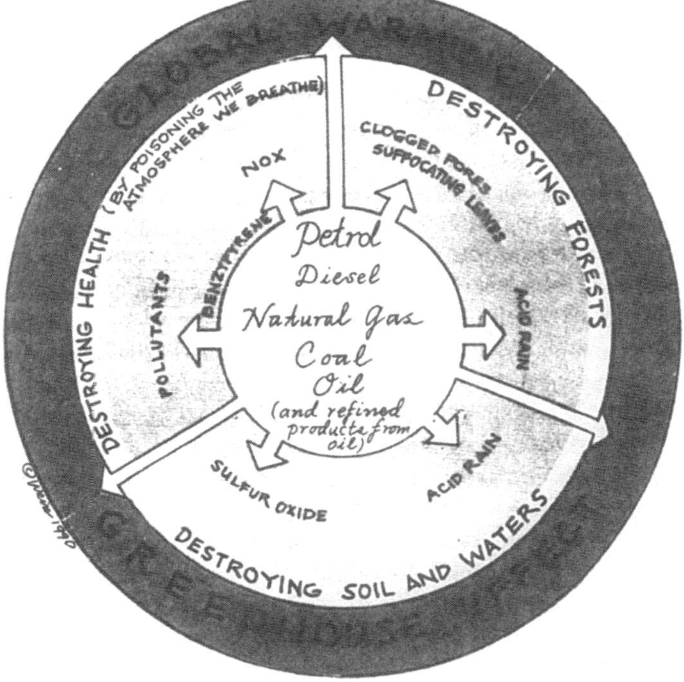

WHAT POLLUTION CAN DO...

에서도 발견된다. 마실 때 두통과 현기증과 몽롱함을 일으킨다. 일산화탄소는 혈액세포를 그들이 폐로부터 산소를 운반하는 것처럼 속여서, 혈액세포는 산소를 심장이나 두뇌로 운반하는 대신에 일산화탄소를 이런 중요한 기관에 보낸다.

마지막 오염물질은 7장에서 언급할 스모그란 것이다. 스모그는 더러운 안개의 일종이며 많은 문제를 일으키는 원인이 된다. 예를 들어, 캘리포니아주 남부지역에 있는 South Coast Air Basin에서는 아지랑이와 눈부신 빛 때문에 눈에 무리가 가해지고 쉽게 피로해진다. 우주선이 내릴 수 있는 에드워드 공군 기지에 따르면 때때로 스모그는 눈을 가리기 충분할 정도로 발생한다고 한다.

스모그는 위에서 언급한 오염물질들을 모두 함유하고 있고 어느 큰 도시라도 스모그로부터 더 이상 벗어날 수 없기 때문에, 매우 많은 인구들이 해로운 공기로부터 육체적으로 고통받고 있다. 당신 또한 그런가?

오염물질이 환경에 미치는 다른 영향들

온실효과, 스모그, 사람 건강에 미치는 영향들, 이 모든 문제들은 이미 언급되었지만 오염물질이 일으키는 또 다른 문제가 있다. 이 중 몇몇 개들은 놀라울 것이다.

공기 중에 있는 오염물질은 나무를 죽일 수 있고 숲을 파괴시킬 수 있다. 이것은 잎의 작은 기공을 오염물질이 막기 때문에 발생한다. 광합성(식물의 음식을 만들어내는 과정)을 하는 것과 호흡하는 것(글자 뜻대로 하면 숨쉬는 것-식물이 생산한 음식을 분해해서 에너지를 얻는 과정)을 막는다. 오염된 공기 중에서 또 다른 생산물은 산성비이다

(5장 참조). 우리는 석탄과 석유가 연소될 때 발생하는 유황가스가 빗물과 섞였을 때 약산성을 나타내는지를 설명하였다. 불행하게도, 이는 나무들과 다른 식물들에게 영향을 미치며, 그들의 잎을 태우고 토양의 미네랄을 분해한다. 식물들은 이런 미네랄들을 여과하지 못하며 그 중 몇몇 미네랄은 식물에게 치명적이다. 가장 우려스러운 점은 토양 자체가 우리가 의존하고 있는 많은 양과 다양한 작물을 심기엔 너무 산성화가 될 수 있다는 점이다. 이게 지금까지 우리가 알아보고 측정할 수 있는 피해들이다. 산성비를 막기 위해서 아무런 노력을 하지 않는다면 미래는 어떠할 것인가?

어디에서 오염물질이 오는가?

과거에는 정부에서 아무도 오염물질의 발원지를 모른다고 말하는 게 통상적인 일이었다. 많은 연구가 진행되었고, 이러한 연구 때문에 대체에너지와 전기를 생산하는 깨끗한 방법에 더 많은 투자가 지연되었다. 하지만 지금은 이전보다 오염물질의 발원지에 대해 자세한 부분을 알고 있고, 중요한 포인트는 확실하다. 즉 대기 오염은 석탄, 천연가스, 석유, 석유로부터 정제된 제품들과 같은 현재 사용하는 연료를 연소시킴으로써 대부분 발생한다. 이러한 연료는 연기, 검댕 그리고 대기 중에 해로운 화합물들을 방출한다. 전기를 생산하는 발전소에서 전력을 생산하는데 핵을 사용하지 않는다면 석탄, 석유 또는 천연가스를 이용해서 생산을 할 것이다. 공기 중으로 배출하는 물질들은 산성비를 일으키는 많은 양의 황을 포함하고 있다.

다음으로 많은 양의 오염물질은 소각로에서 쓰레기를 태움으로써 발생한다. 먼지나 잔해들을 고려하지 않고 소각시킬 경우, 이 물질들은 하늘 높이 올라가 정착한 후, 스모그 안에 있는 더러운 먼지들로 존재한 다음 결국 먼지나 가루로 시골지역보다 도시나 도시외곽 지역에 더 많이 떨어질 것이다. 소각장 때문에 플라스틱이나 포장지나 다른 일회용 물건들에서 나오는 화학성분들을 주의할 필요가 있다. 이런 화학 성분들은 공장에서나 자동차 배기구에서 나오는 화학성분들과 섞여 공기 중에 남아있을 것이다.

이런 소각장들과 잔해물이나 연기를 배출하는 공장 굴뚝들, 차의 배기가스 파이프나 전력 발전소에서의 굴뚝들은 공해물질을 일으키는 곳이다. 사실, 그들은 공해를 일으키지 않도록 설계하지 않았다. 이들이 처음으로 세워졌을 때, 사람들이 생각하기를 공해는 매우 적은 양이어서 해로운 영향을 주지 않고 공기 중에 쉽게 버려도 될 수 있을 줄 알았다.

공해의 비용은 무엇인가?

먼지, 손상, 과열, 병, 스모그, 결과적으로 농업의 쇠퇴, 해수면 상승, 도시의 홍수, 이런 모든 것들이 다가오는 무서운 것들이다. 하지만 지금 (1991년 1월) 탄소함유연료의 원인으로 인한 공해의 가격은 석유 갤런 당 약 US$1.30 정도 된다.

이런 추가적인 비용은 조용하다. 비용은 나타나지 않고 그들 스스로 알리려고 하지는 않지만, 그럼에도 불구하고 그들은 존재한다. 주유소에서는 그들을 위해 비용을 지불하지는 않지만, 우리들을 그것들을 위해 항상 지불하고 있다. 우리들이 사는 연료들의 비용은 석유 생산자들에게 엄청난 이익을 가져오지만, 그 연료를 사용함에 따라 우리에게 주는 피해에 대한 비용은 포함되어 있지 않다. 몇몇 사람들은 연료의 실질적인 비용이 계산되어져야 한다고 생각한다. 그러면 사람들은 탄소가 함유되지 않는 연료를 사용하는 데에 경제적으로 장려 받을 수 있을 것이고, 그 후 결과적으로 건강을 해치는 탄소함유 연료는 시장에서 사라지게 될 것이다.

4.

온실효과

많은 사람들이 이야기하는 온실효과란 정확히 어떤 뜻인가?

온실은 투명한 지붕과 옆 틀로, 보통 유리로 만들어져서, 태양빛이 안쪽의 식물에 도달하고 따뜻하게 유지하도록 설계되어, 밖이 추운 한 겨울날 안을 따뜻하게 한 열대 기후가 내부의 식물들을 풍성하고도 초록빛이 나게 한다. 지표면에서의 온실효과도 같은 방법으로 작용한다. 공기 중의 특정한 가스들은 투명한 지붕과 같이 작용한다. 가장 풍부한 온실효과 가스는 이산화탄소이고 다른 것들은 메탄, 일산화탄소, 탄화수소 그리고 클로로플루오로카본(CFCs)이다. 이들은 투명하여 태양으로부터 오는 고온의 복사(태양빛)가 공기를 통과하여 지표면에 도달하게 되지만 지표면에서 나오는 저온의 복사(열)는 온실가스에 의해 탈출하는 것이 차단된다. 이것은 이산화탄소에 의해 흡수되기 때문에 발생하며, 그 결과 대기를 가열시켜서 행성의 온난화를 일으키게 된다.

우리 행성은 생명들이 살기위한 따뜻한 온도를 만들기 위해 이산화탄소는 대기 중에 꼭 필요하다. 만약 태양계의 우리 주위 행성을 살펴본다면, 금성은 지구보다 대기 중에

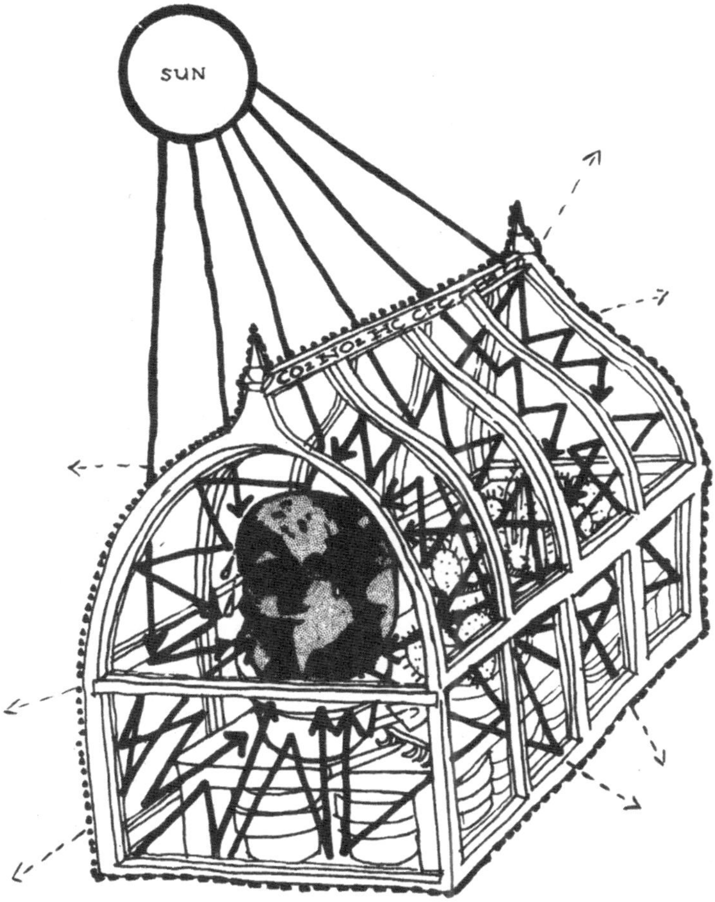

많은 양의 이산화탄소를 함유하고 있기 때문에 온도가 매우 높고, 화성은 지구보다 대기 중에 이산화탄소가 많이 없기 때문에 매우 춥다. 지구는 생명체에 가장 적정 양의 이산화탄소를 가지고 있다는 사실을 알 수 있다. 그러므로 화성처럼 되지 않기 위해서 이산화탄소를 전부 없애려고 하지 않을 것이다. 하지만 대기를 오염시키게 된다면 금성에 가까워질 것이다. 이것 또한 바라는 바가 아닐 것이다.

지구 온도는 산업혁명 이래 1/2℃(약 화씨 1도) 증가했다. 왜일까? 수 천년동안 나무는 인류의 주 연료 공급원이었고, 아직까지도 많은 사람들에게 주공급원이다. 후에 몇몇 사회에서는 가능하다면 목재 대신에 석탄을 주공급원으로 대체하였다. 그 이유는 많은 열이 목재에서보다 석탄에서 만들 수 있기 때문이다. 그 후 금세기 초에는 운송, 저장 및 사용하기 편리한 이유로 석유가 석탄을 대신하게 되었다. 현재는 석유가 빨리 소모되기 때문에 천연가스가 가장 중요한 에너지원이 되었다.

하지만 목재, 석탄, 석유 그리고 천연가스는 한 가지 공통점이 있다. 즉 연소의 부산물이 이산화탄소라는 것이다. 늘어나는 인구와 경제의 증가하는 에너지 요구량으로 인해, 화석연료소비량 증가는 대기 중 이산화탄소 수치의 증가를 야기시켰으며, 결국 지표면 온도상승을 불러일으키는 결과가 되었다. 세계 에너지 요구량에 맞춰 화석연료를 꾸준히 사용하게 된다면, 지구 평균 온도는 다음 세기 말에 5℃(화씨 9~10도) 상승하게 될 것이다. 다음 절에서 보게 될 듯이, 이러한 점은 재앙을 초래할 것이다.

해수면 상승과 강렬한 허리케인들

지구온도 증가는 북극과 남극의 빙산을 이미 녹기 시작하게 하고 있다. 빙산이 녹는 것에 덧붙여서, 온도 상승은 빙하나 눈의 경계선을 뒤로 차츰 물러나게 하고 있다. 이는 즉 해수면이 상승한다는 의미이다.

세계 243개 지역에서 30년 이상 관측된 바에 의하면 해수면이 15cm(6 in)가 증가했다. 지금 측정된 바에 의하면 해수면은 해년마다 약 1cm(1/2in 약간 못되는 정도)씩 증가한다고 추정되었다. 현재 증가 속도로 화석연료를 계속 사용하게 된다면 다음 세기 후반에는 해수면이 1.8~2.4m(6~8ft) 증가할 것이라고 산출되었다. 이러한 크기의 홍수로 인해 고통받을 해안가 도시들을 생각해보자.

완벽히 다 녹았을 때 최종 해수면에 대한 많은 추정들이 있지만, 보수적인 추정치에 의하면 지금보다 6~7m(20~24ft) 상승할 것이라고 한다. 해수면 증가는 많은 인구들이 분포해 있는 해안가 도시를 범람시킬 것이다. 세계에서 가장 비옥한 해안가 평지는 범람할 것이다. 매 35년마다 두 배가 되는 빠른 세계 인구증가를 고려해 봤을 때, 해수면 상승은 주거지와 농사지 부족현상을 일으킬 것이 분명하다.

예를 들어, 방글라데시 주거지의 절반 이상을 이용할 수 없을 것이라고 예측된다. 이집트에서 카이로와 알렉산드리아를 포함한 인구밀도가 높은 지역인 나일 삼각주The Nile Delta가 물 아래에 잠길 것이며 3천만 명이 집을 잃게 될 것이다. 플로리다 주의 4분의 3이 물에 잠길 것이다. 인도양의 말디브 섬은 지도상에서 사라질 것이며, 베니스 지역의 문제점은 잠기는 게 아니라 해수면이 상승하는 것이다.

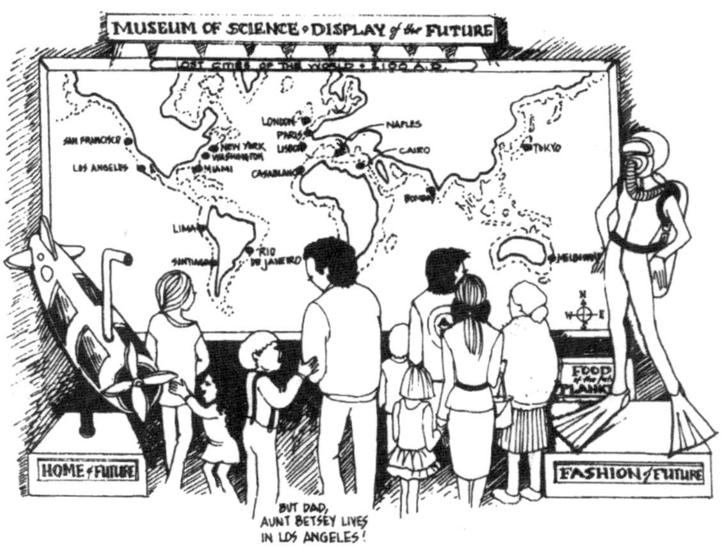

이런 문제들의 가장 심각한 재앙은 적극적인 피드백이라고 한다. 많은 양의 CO_2는 바다에 용해된다. 만약 대기 중의 CO_2 수치의 증가로 인해 온도가 올라가게 된다면 바다 수면 아래 70m까지의 부분이 가열될 것이다. 이결과 물에 녹아있는 CO_2도 방출되어서 온실효과에 기여하게 될 것이다. 이러면 바다의 온도는 이전보다 더 올라가게 될 것이고, CO_2는 더 많이 방출할 것이며 이러한 과정은 계속 이어질 것이다. 이것은 재앙적인 온실효과라고 불릴 수 있으며 이러한 현상이 발생하지 않기 위해서 조심해야 한다. 만약 발생한다면, 한 때는 양호했던 공해물질이 이제까지 발생했던 어떠한 재앙보다 강력한 것으로 올 것이다.

결과적으로 도시와 땅의 손실에 대한 몇 개의 추정된 비용이 있다. 비용들은 아마도 수천조 달러가 될 것이다. 네델란드에 있는 제방처럼, 해수면 상승으로부터 보호하기 위해서 대륙 둘레에 높게 댐을 만들자는 의견들이 있었다. 하지만 이 댐은 9-10m(30-35ft) 높이여야 하고, 당연히 큰 펌프 발전소는 세계 모든 강들의 물을 댐을 넘어 바다로 퍼 올려야 한다. 보수적인 추정치는 US$70조(1990)가 댐을 만드는데 필요할 것이라고 나타났고, 그 후 댐 위로 모든 강물을 계속 퍼 올려야 하는 비용을 추가해야 한다. 그리고 그것에 관련된 에너지에 드는 비용은 과중하게 비쌀 것이다. 그런 댐을 보험해 줄 보험회사는 있지 않을 것이다. 큰 지진과 허리케인 같은 재앙은 댐을 부수든가 펌프 발전소에서 전력손실을 가져와서 막대한 넓이의 땅을 범람시킬 것이다.

그러나 그게 전부가 아니다. 해수면 온도가 1℃(화씨 2도) 증가하는 것은 허리케인을 지탱할 수 있는 압력을 15에서 20mmbar 떨어뜨릴 것이다. 결과적으로, 몇 도 증가하는 것은 허리케인의 수와 강도를 같이 증가시킬 것이다. 예를 들어, 885mmbar (1mmbar=0.001atm) 압력과 330km/h (200mph) 속도로 회전하는 길버트 허리케인(1988)은 역사상 가장 심각한 폭풍으로 기록되었다. 수백만 사람들이 집을 잃었고, 몇 백명의 사람들이 죽었고, 재산피해액도 US$100억 이상 추정되었다. 특정한 허리케인이 지구 온난화의 탓이 아닐 수 있어도, 허리케인의 주기나 혹독한 정도는(그리고 태풍이나 토네이도도 같이) 온실효과에 의한 온난화로 인해 증가할 것이다.

가뭄과 홍수

온실효과는 또한 다른 기후변화를 야기한다. 지구온도의 증가에 따라, 바다, 강, 호수나 식물들로부터 증발량 또한 증가하게 될 것이다. 자연의 평형으로 인해 많은 증발량은 많은 구름과 강우량을 야기한 것이다. 하지만 최근에 관측된 바에 따르면, 바람형태가 변하고 따라서 구름의 형태도 변한다. 이 현상은 평균적인 강우량을 옛날부터 유지해 온 지역에 가뭄을 야기한다.

가뭄은 결과적으로 농업 생산(농작물이나 목축)을 저하시킬 수 있고, 야생 식물이나 동물을 위험하게 만든다. 이들은 또한 음용수와 농업용수의 질과 양을 저하시킬 수 있다. 많은 전문가들은 1988년 미국에서 발생한 가뭄은 온실효과의 직접적인 결과라고 믿고 있다. 이 가뭄 때문에 US$50억 정도의 환금 작물들을 잃었다고 추정되어진 바가 있다. 모든 게 결과적으로 소비자들이 시장에서 높은 가격으로 지불하게 되었다.

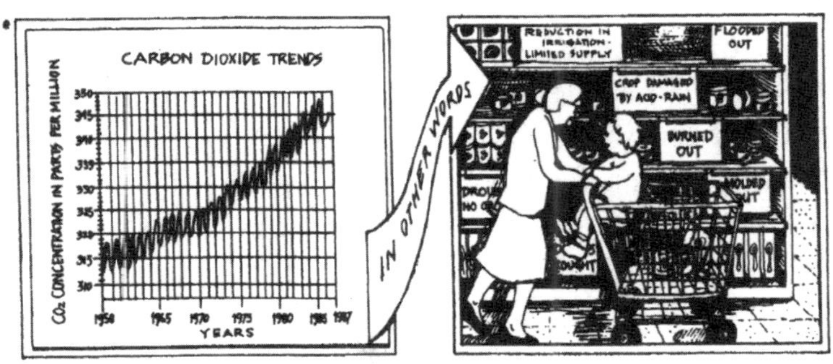

Source: Keeling, 1983; Komhyr et al., 1985; Conway et al., 1988, Rotty, 1987.

불행하게도, 세계 어느 부분에서 가뭄이 발생할 때, 물의 균형을 위해서 다른 곳에서는 홍수가 발생한다. 그 현상이 1988년에 정확히 발생했다. 미국의 특정한 부분과 중부나 서부 아프리카에서 가뭄이 발생할 때, 다른 곳에서 예를 들면 방글라데시와 같은 곳에서 심각한 홍수가 발생했다. 방글라데시 주거지의 4분의 3이 홍수에 잠겼고 몇 주가 지나서야 그 영향으로부터 벗어날 수 있었다. 국가의 대부분 환금 작물들의 피해를 봤다. 많은 집들은 무너지거나 사람이 살기 힘들게 되었다. 무수한 교각들과 많은 구역의 교통로들은 침식되었다. 그 당시 다른 재앙이 발생하지 않았음에도 불구하고, 이미 가난한 방글라데시가 오랜 세월에 거쳐 복구하도록 만들었고 엄청난 재정적인 투자 또한 필요하게 되었다.

1988년에 발생한 가뭄과 홍수는 지구의 평균온도 증가에 대한 결과물들이다. 먼 미래를 두고 살펴보면 온도 증가가 몇 도 이상 측정된다면, 거대한 문제점들은 명백해진다.

보다 높은 열과 보다 낮은 전력

모든 전력 발전은 물을 필요로 한다. 물은 열병합 발전소(석탄, 석유, 천연가스나 핵으로 가동)에서 증기를 식혀주고 응축시키는 데 사용된다. 그리고 수력발전소에서도 직접적인 에너지원으로 이용된다. 예를 들어 미국에서는 2,100억 갤런의 물이 열병합발전소를 식히기 위해 매일 사용되고, 전기를 생산하기 위해 3조3천억 갤런의 물은 수력발전소터빈으로 공급된다.

평균상태가 연간 유지되는 동안, 전력생산을 위해 충분한 물이 공급될 수 있다. 하지만 가뭄시기에 일반 전력생산은 현저하게 영향을 받을 수 있다. 게다가 더 더울수록 전력요구량이 증가하게 된다(예를 들어 에어컨을 작동시킬 때). 하지만 열로 인해 발생한 물 부족 현상은 전력을 생산하는 양을 줄이게 된다.

전력생산에 가뭄이 주는 경제적인 영향은 크다. 1977년 캘리포니아주 가뭄 동안, 태평양 가스 전력설비 회사에서는 연간 운영비 지출 US$13억 달러보다 추가적으로 US$4억 달러 정도 손해를 입었다. 수력발전의 부족으로부터 온 이런 추가적인 지출은 더 값비싼 열병합발전으로 바꿔져야 하는 비용이다.

요약하면, 가뭄은 수력발전과 열병합발전을 실질적으로 저해시키는 동시에 전력요구량을 증가시킨다. 이는 사회적 곤란과 광대한 경제적 손실을 야기시킨다.

강흐름의 방해

높은 온도와 가뭄의 다른 영향으로써 강 수위는 낮아지고 결국 강물의 흐름을 방해하고 교통수단비용의 증가를 발생시킨다.

예를 들어, 미시시피 강의 바지선은 미국 선박 화물용적의 약 15%를 운반한다. 1988년 가뭄 동안에, 1871년 기록을 시작한 이후 강은 가장 낮은 수위에 도달하였다. 바지선들이 줄지어 기다림으로 인해 하상운송은 후퇴했다. 결국 가뭄이 절정일 때, 강의 수위가 허용 한계이하로 떨어져 바지선 수송은 완전히 멈췄다. 그 결과 US$7.5억 달러 수익 손실을 감수해야 했다. 용적이 큰 화물의 일부분은 좀더 값비싼 운송수단, 예를 들어 기차나 트럭을 통해 운송되어야 했고 경제적 손실이 보다 가중되었다. 미시시피 강 유역의 가뭄에 의한 전체 교통 관련 손실비용을 US$15억 달러로 보수적인 추정을 하고 있다. 그리고 당연히 온도가 올라감에 따라 가뭄은 넓게 발생할 것이며 손실은 점점 커질 것이다.

인간비용

인간 생명의 손실을 언급하자. 특별한 조치 없이 극심하게 더운 날씨 속에서 평상시대로 가게를 운영하게 된다면,

심혈관질환을 겪을 수 있으며 매우 건강한 사람을 죽음으로 이르게 할 수 있다. 온실효과로 인해 극심하게 더운 날씨가 계속 증가하면 열로 인한 죽음 또한 증가할 것이다.

1988년 미국의 더운 여름에 80% 이상의 도시나 마을에서 역사상 처음으로 38℃(화씨 100도) 이상을 기록하였다. 언론에서 더운 날씨로 인한 죽은 자의 수가 175명이라고 보도하였다. 언론은 1988년 8월에 지중해 국가들인 스페인 이탈리아 그리고 그리스에서 100명의 사망자를 발표했다. 제3세계(Third World)국가에서는 열로 인한 사망자가 더 많을 것이라 예상되지만, 이런 죽음은 통신수단 부족이나 자연재해 사상자와 열로 인한 죽음과의 구별이 불확실해서 보통 발표되지 않는다.

1980년 늦은 7월 뉴욕에서의 장기간 혹서기 때, 가장 더운 날의 사망률은 평상시보다 50%이상이었다(노인들은 보통 이런 날씨에 가장 고생한다.). 연구된 바에 의하면 특정 수치(뉴욕인 경우 33℃, 화씨 92도) 이상에서는 사망률이 증가한다고 한다. 오늘날에는 대략 총 일수에서 5.5%가 평균적인 여름 날씨에 특정 온도 수치 문턱을 넘긴다. 지구온도가 4℃(화씨 7도) 증가한다면(아직 다음 세기말에 예상되는 온도 상승 5℃ 즉 화씨 9－10도를 아직 도달하지 못했지만) 여름의 33% 일수 이상이 수치 문턱을 초과할 것이

다. 전 세계를 하나로 볼 때 이러한 증가는 고온에 기인한 여름철에 발생할 680,000명의 사망자를 의미한다.

화석연료를 계속 사용하는 것은 바람직한가? 이러한 세상을 후손들에게 물려줄 수 있는가?

미리 앞서 생각해야 한다

우리 사회의 문제점들 중 하나는 우리가 단기간 전망만을 가지고 있다는 것이다. 지도자들이나 정치인들은 재선되기를 원하기 때문에, 자연스럽게 그들이 정권에 있는 몇 년 동안에만 하려고 계획을 세운다. 우리가 좋아하는 것을 해준다면 다시 뽑아줄 것이다는 생각을 그들은 합리적이라고 느낀다. 결국 온실효과와 대기오염 속에서 자연스럽게 그들이 무엇을 하려고 계획한다. 우리는 훨씬 먼 미래를 위한 계획을 세워야 한다. 20년 후나 50년 후의 단위로 생각해야 한다.

온실효과가 우리들에게 점점 다가오는 것을 원치 않지만, 매년 지구를 위해 아무것도 하지 않아도 몇 분의 1도씩 온도가 올라간다. 1년 단위 계획으로만 생각하면 이정도의 적은 온도 상승 정도는 참을만한 것이다. 하지만 몇 년 후에 오늘날 어린이들이 학교를 떠날 때, 즉 몇 년 단위로 생각하면 어떻게 될 것인가? 예를 들어, 어린이들이 학교 체제를 거쳐 가는데 필요한 시간정도만큼, 멀리 계획을 미리 세운 나라는 별로 없다. 더 멀리 내다보는 계획은 거의 없다. 하지만 온실효과는 시간에 맞춰 해결해야 한다. 앞선 미래를 생각하고 돌이킬 수 없을 정도나 위험해질 정도의 상황이 오기 전에 우리들이 사용하고 있는 연료를 대체할 수 있는 계획을 세워야 한다.

그러나 우리들이 짧은 미래에 대한 계획조차도 포기한다면 미래를 선택할 수 있는 자유조차도 제한해 버리는 결과이고, 그 결과 민주주의 원칙조차 위협에 빠뜨리게 한다.

그럼에도 불구하고 해결책은 일반적인 상식과 합리적인 태도이다. 미래를 고려하지 않고 환경을 저해하는 결정을 한다면 민주주의뿐만 아니라 인생 전부다 위협 받을 것이다. 온실효과가 우리를 지배하게 된다면 자유는 더 이상 존재하지 않을 것이다.

5. 산성비의 해로움

구름 속의 수증기가 물방울이나 눈송이로 응축된다면, 공기 중으로 떨어지면서 황산화물, 질소나 탄

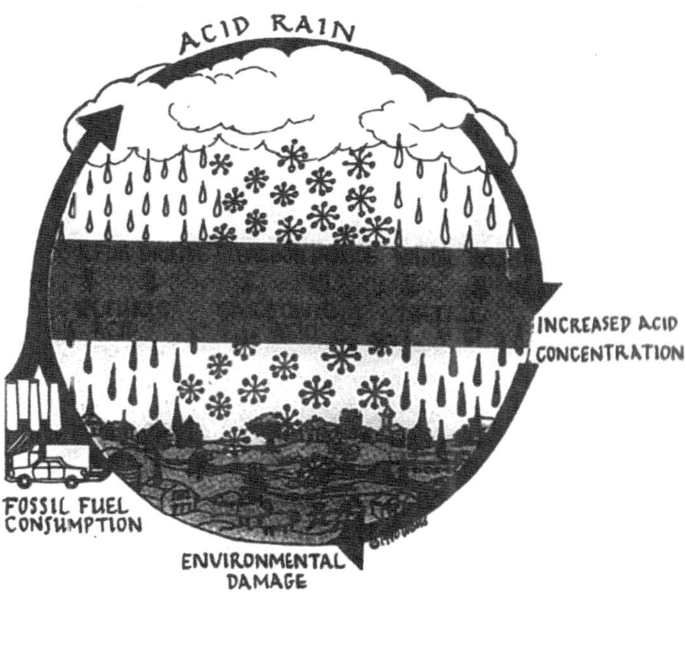

소와 같은 환경오염을 일으키는 가스들이 섞여 약산성인 황산, 질산, 탄산과 같은 형태로 형성된다. 앞선 두개들은 매우 부식성 있는 산들이고 산성비를 일으키는 장본인이라 일컬어진 것들이다. 하지만 세 번째인 탄산은 앞선 두 개보다 매우 약함에도 불구하고 많은 양이 생산되기 때문에 많은 손상을 일으킨다.

이러한 산을 포함한 비는 어느 곳에서나 떨어진다. 호수, 강, 바다, 숲, 들판, 농장, 집, 빌딩이나 건축물들 위로 떨어진다. 빗물이 닿은 모든 물체는 산에 의해 부식된다. 이러한 산은 살아있는 생물들에게나 물질들 전부에게 해롭다. 그리고 산성농도가 커질수록 빗물은 보다 파괴적이다. 그리고 화석연료의 소비량이 증가함에 따라 산농도가 증가한다.

수중 생명체에 미치는 영향들

산성비, 강, 시내 또는 바다의 물성분이나 흙 형태 사이의 복잡한 상호작용과 물과 땅의 사용 패턴들이 물의 지역 산성화에 전체적인 영향을 미친다. 호숫가나 강어귀에 있는 물은 점점 더 산성화된다. 산성비와 산성눈이 수상동물이나 수상식물에게 영향을 준다. 첫째로 배스(농어의 일종), 연어, 송어 그리고 홍합과 같은 내성이 없는 생물체들

'Well, the rivers can't support salmon reproduction, so I decided to support it myself. I can't bear the thought of a world without lox.'

은 고통 받을 것이다. 그 다음에 물에 사는 딱정벌레나 수초들과 같은 산성에 더 내성이 있는 생물들은 결국 사라질 것이다.

호숫가나 강어귀에 사는 동식물은 산성화가 진척됨에 따라 죽고 그들은 분해될 것이다. 분해되는 유기물은 물 속에서 산소와 결합하여 산소수치를 떨어뜨리고 생명체가 보다 살기 힘든 호수로 만든다. 유기물은 또한 특정한 바람직하지 못한 조류의 성장을 돕는다. 조류는 호수 수면을 덮어서 산소와 햇빛의 투과를 감소시킨다. 이는 호숫가나 강어귀의 생명 유지 가능성을 파괴하거나 감소시킨다.

연구된 바에 의하면 산성비는 이미 북동부 미국, 캐나다, 노르웨이, 스웨덴 그리고 영국의 많은 수중 생태계 시스템(호수, 연못, 강어귀)을 넓게 산성화하고 있다. 예를 들면, 스웨덴에서 총 14,000개의 호수가 산성화되는 동안에, 4,000개 호수에는 어류가 없다고 발표되었다. 미국에서는 뉴욕주 에디론댁스의 높은 부분에 위치한 200개 이상의 호수가 산성비의 축적으로 인해 죽었다. 수중생태계의 피해는 명백하지만 경제적인 관점으로 추정하기 매우 어렵다.

예를 들어, 에디론댁 호수에 대한 몇몇 생태학적인 영향의 평가들이 보고되었다. 생태학적 손실들의 가장 결정적인 요소들인 물리적 영향의 추정치들은 어획할 수 있는 헥타르나 어획량의 변화로 표현된다. 약 US$1천3백만 달러 가치의 손해가 어획면적의 10%를 잃을 때마다 계산되었다. 미국의 다른 산성화 된 호수를 포함한 가치를 측정하면 미국의 총 호수 어획량의 피해는 연간 US$10억 달러에 이른다. 하지만 위에 언급한 추정치는 완벽한 게 아니다. 지역에서 피해 가치가 2배가 될 수 있는 오락이나 관광 가치를 제외한 수치이다.

산성비로 인해 발생한 호수의 피해를 추정하는 다른 방법으로는 이들을 원상복귀 하는데 드는 비용을 계산하는 것이다. 산성화를 없애는 한 가지 기술로는 호숫물에 석회가루를 뿌려보는 것이다. 석회는 알칼리성이므로 산성을 중성화시킬 수 있고 생태계를 다시 번창하게 한다. 연간 석회 비용은 1985년에 스웨덴에서는 US$4천만 달러 정도 추정되었다. 만약 북동부 미국의 호수에 석회가루를 뿌린다면 예상비용은 연간 US$5억 달러까지 될 것이다. 그리고 당연히 이러한 치료방법은 석회암이 있을 때만 가능하다.

산성비는 호숫가나 연못이나 강어귀에만 내리는 게 아니다. 강이나 바다에도 내린다. 캐나다나 스칸디나비아에서는 많은 강들에서 더 이상 연어번식을 못한다. 바다의 산성도 또한 증가하고 있다. 다음 세기 중반에는 상부 60m(200ft)의 바다는 산성화가 심해서 수중생태계를 유지하는 것은 불가능할 것이라고 추정하고 있다. 아직 손실에 관해서 추정된 바는 없다.

숲과 농장의 피해

산성비는 지구의 물뿐만 아니라 땅에도 영향을 준다. 특별히 숲의 영향은 매우 파괴적이다. 산성비가 땅에 스며듦에 따라 본래 불용해성의 미네랄과 화합물을 분해하여 땅속의 유기양분의 균형을 깨뜨린다. 알루미늄과 같이 분해된 염류는 어린 나무의 뿌리에게 독성이 강하다. 게다가 산성비는 부드러운 나뭇잎을 태우고 질병에 대한 면역력을 떨어뜨린다.

세계 숲의 피해 증가는 일반적으로 산성비에 기인한다. 최근에 숲의 감퇴현상과 관련된 포괄적인 분석과 조사가 유럽에서 행해졌다. 결과는 총 그루터기의 약 15%정도가 심각하게 손상되거나 죽어가고 있다고 나왔고, 연간 목재로 쓰이는 나무보다 약 6배나 큰 손해다. 다른 연구들은 독일연방 정부에서 행해졌는데 검은 숲(Black Forest)의 50%가 산성비로 인해 피해를 받고 있고, 나무들은 공기와 땅이 점점 황폐해짐에 따라 매일 같이 시들거나 죽어가고 있다. 폴란드, 체코슬로바키아나 다른 중유럽나라들에서 이러한 피해에 대한 보고들에 따르면 석탄에 대한 연료의존성이 큼에 따라 더 심각한 피해를 입고 있다고 한다.

1978년에는 미국 숲의 5%정도가 산성비의 영향으로 고통받고 있다고 추정하였다. 이는 손실비용을 감안할 때 그 해에 US$6억 달러 가량의 피해를 줬다. 오락이나 관광 수입 손실을 더하면 연간 US$10억 달러의 손실이 발생했으며, 미국에서 산성비로 인한 숲 관련 총 연간 손실액은 US$16억 달러가 된다. 하지만 1978년 이후에 석유와 석탄의 소비량이 증가함에 따라 산성비 양도 증가하였다. 총 종

합해서 살펴보면 미국에서 오락관련 수입 손실과 나무 손실에 따른 숲의 손실액은 1990년에 약 US$50억이다.

산성비는 숲의 식물에게 피해를 줄뿐만 아니라 농업생산의 질과 양에도 영향을 끼친다. 과일과 채소는 작아지면서 볼품없게 되고 영양분도 얼마 없게 된다. 산성비는 식물의 질병에 대한 저항력을 낮춰서 수확을 떨어뜨린다. 그 결과 앞으로 부족현상을 겪을 것이고 품질 낮은 상품을 비싼 가격을 주고 사게 될 것이다. 1984년 산성비로 인한 미국의 농업생산의 피해액은 US$82억 달러라고 추정된다. 증가하는 수요와 인플레이션을 고려해 볼 때 산성비에 따른 농산물 수확과 생산의 피해는 1990년에 US$120억 달러이상으로 올라갈 것으로 추정된다.

빌딩이나 구조물에 대한 영향

도시에 산성비가 내릴 때 빌딩과 구조물은 불리하게 영향을 받게 된다. 산성비는 역사적인 빌딩을 포함한 빌딩의 석조물을 침식시킨다. 그리스의 파르테논, 로마의 콜로세움, 파리의 노틀담 대성당과 같은 매우 귀중한 보물들에서 산성비의 영향을 볼 수 있다. 독일은 쾰른 대성당의 역사적인 석조양식을 복구하기 위해 연간 US$4백만 달러를 쓰고 있다. 이 일에는 특별한 돌들과 숙련된 석공들, 많은 지루한 시간소모가 필요하다. 빌딩 한 면의 석조물을 복구하는 데에는 몇 년의 세월이 걸리므로, 석공들은 다른 면을 다시 일하기 시작하고 그 일을 반복한다. 빌딩의 마지막 면을 완성할 때 석공들은 첫 번째 정면의 빌딩부분이 침식하기 시작하므로 모든 과정들을 다시 반복해야 한다. 당연히 많은 역사적인 건물들은 산성비로 인해 대부분 잃어가고 있다. 그들은 절대 복구될 수 없는 상태이다.

교각, 철로나 케이블과 같은 철제구조물도 산성비의 영향으로부터 피해갈 수 없다. 그러므로 금속들은 침식되거나 부분적으로 떨어져 나가지 않기 위해 보호되어야 한다. 빌딩이나 다른 구조물에서도 같이 적용된다. 이들은 주기적인 청소와 플라스틱이나 화학물질 또는 페인트 코팅을 적용하여 보호해야 한다. 산성비는 페인트로 덮이거나 외부를 금속으로 다듬은 차, 버스나 다른 차량들까지도 피해를 준다. 그러므로 좋은 상태를 유지하기 위해서는 깨끗하게 청소하고 다시 페인트칠을 해야 한다.

구조물에 미친 산성비의 효과에 대한 다양한 평가들이 있다. 1984년에 역사적인 건축물을 복구하기 위해 드는 총비용은 세계적으로 US$200억 달러정도 되었다. 공공기관의 빌딩이나 다른 구조물에 대한 피해는 US$800억 달러 가치 정도이고, 집에서 산성비에 대한 영향을 막기 위한 비용은 추가적으로 US$400억 달러, 모두 합쳐 연간 US$1,400억 달러 정도 든다. 이러한 계산은 만약 화석연료의 늘어나는 사용량과 갈수록 늘어나는 공공빌딩, 구조물과 집들을 감안할 때, 1990년에 매년 세계적으로 US$2,000억 달러가 될 것이다.

인간과 동물들에 미치는 영향

산성비는 식수의 산성도를 증가시킨다. 금속파이프를 통해 이런 물이 공급될 때 납, 구리 그리고 알루미늄과 같은 금속들과 접촉하게 된다. 그래서 결국 마시게 되거나 치명적인 산성기, 독성 있는 금속이나 화학물질이 들어있는 스프를 끓여 먹게 된다. 예를 들어, 스웨덴에서는 산성화된 물이 아기들을 병들게 한다는 것을 발견했다.

하지만 산성화된 식수는 어린이들이나 아기들뿐만 아니라 어른들에게도 영향을 준다. 독성이 있는 금속들이 식수대나 물파이프로부터 나와 특별히 신장이나 비뇨기관에 다양한 병을 줄 수 있다. 산성화된 물은 칼슘함유량을 줄이며(우리는 일반적으로 물로부터 칼슘을 섭취한다.), 결과적으로 심장질환을 일으킨다. 미국에서 1985년에 산성비가 주는 해로운 영향에 대해 조사한 결과 돈으로 하면 약 US$1억 8천만 달러였고, 1990년에는 US$2억 2천만 달러에 상응할 것이다. 물론 이는 인간이 받는 고통의 피해는 포함되어 있지 않다.

산성비를 통해 위에서 언급한 바와 같이 얼마정도의 비용으로 독성효과를 측정할 수 있고 우리가 사용하고 있는 물을 정화시키려는 노력을 할 수 있다. 하지만 야생식물들과 동물들에게는 사실이 아니다. 그들은 이러한 현상들로부터 피해를 받거나 서식지를 바꿔야 한다. 그들의 서식지는 인간의 인구수가 증가함에 따라 점점 작아지고, 우리들

They just have to suffer the effects…

이 화석연료의 부산물로 환경을 계속 오염시킴으로써 그들은 보다 살기 힘들게 된다.

수백 종의 식물이나 동물이 산성비나 화석연료로 인해 발생한 공해들의 영향으로 해년마다 멸종하고 있지만, 구체적으로 피해나 손실의 평가는 전혀 없다. 우리들은 산성비가 환경에 주는 총 문제점을 아직 알지 못한다. 예를 들면 어류나 풀의 한 종이 멸종하면 자연의 평형에 얼마나 지장을 주는지 모른다.

우리들이 해야 할 일

전문가들은 앞으로 몇 년 후 공해나 산성비를 일으키는 화석연료 연소의 부산물이 대기에 가득 차게 된다면 어떻게 될지를 예상했다. 하지만 인구의 대부분이 20~30년 후 미래를 생각하는 것은 그들의 범위에서 벗어나는 일순간의 만족스런 삶에 몰두하고 있다. 그들은 일순간의 해결책이 필요한 일순간의 문제점만을 가지고 산다.

그런데 과거 10, 20, 30년 전에 예측했던 게 현실이 되고 있다. 산성비는 지금 시급한 문제이고 점점 더 심해진다. 우리들의 증손자들은 사진이 아니면 야생 사슴이나 숲이 어떤 모습인지 알 기회가 없을 것이고, 후손들은 로마 콜로

세움을 볼 수 없을 것이다. 하지만 먼저 삶에서 일순간의 만족으로부터 벗어나 지금부터 미래를 위한 계획을 세운다면, 앞에서 설명한 과정들을 좋은 쪽으로 바꿀 수 있을 것이다. 그러면 자식들과 손자들에게 살기 좋은 쾌적하고 건강한 자연을 넘겨줄 수 있을 것이다.

6. 오존층의 구멍

피부암의 정확한 의미는 무엇일까?

점이나 주근깨는 우리들에게 친숙한 것이다. 점은 때때로 세습되고(예를 들어 복점이 있듯이) 몇몇 점은 태양에 오래있어 생긴 것이다. 주근깨는 콧등이나 팔뚝과 같이 태양에 가장 많이 노출되는 부위에서 주로 발생한다. 이들은 일상적인 피부 문제이고 해롭지 않다. 하지만 때때로 점이라고 생각한 게 피부암의 일종이 되는 경우도 있다. 몇몇 암은 피부의 빨간 점으로 나타나는 반면에, 다른 암은 피부색으로 시작해서 나중에 출혈이 발생하고 각질이 되기도 한다. 하지만 생명에 위협이 되는 암들은 불규칙적으로 가장자리가 울퉁불퉁하게 나타나며, 평범한 점들과 달리 색깔이나 모양이 전혀 다르게 생겼다.

어떻게 평범하게 생긴 점들이 암으로 되는가? 생각해보면 부분적으로 피부 자체 문제이고 대부분은 DNA^deoxyribonucleic acid^ 문제이다. DNA는 세포의 역할과 작동이나 다른 세포의 형성에 대한 유전자 청사진과 같은 각 세포의 성분요소이다. 당신의 피부가 태양으로부터 오는 특별히 많은 양의 자외선(해로운 광선)에 노출되었다고 생각해보자. 이는 피부세포의 DNA 균형을 깨뜨릴 것이고 결국 생물학적인 청사진에 변화를 줄 것이다. 만약 이런 일이 발생한다면 DNA는 평범한 세포 생산을 멈추고 기형세포인 암세포를 생산하기 시작할 것이다. 이 때 반점이나 종양이 발달하기 시작한다. 많은 태양광선은 위험하기 때문에 태양으로부터 몸을 보호해야해야 하며, 항상 주의하고 조심해야 한다. 어떻게 해야 하는지 모른다면 의사와의 상담을 통해 태양으로부터 보호할 수 있는 가장 좋은 방법을 얻자.

오존층은 왜 중요한가?

오존은 3개의 산소원자가 합해진 분자이다. 따라서 과학자들은 O_3라고 쓴다(우리가 숨 쉬는 산소는 2개의 산소원자로 이루어진 분자들이므로 O_2라고 쓴다.).

오존은 지표부터 25 마일 떨어진 곳까지의 대기층 어디

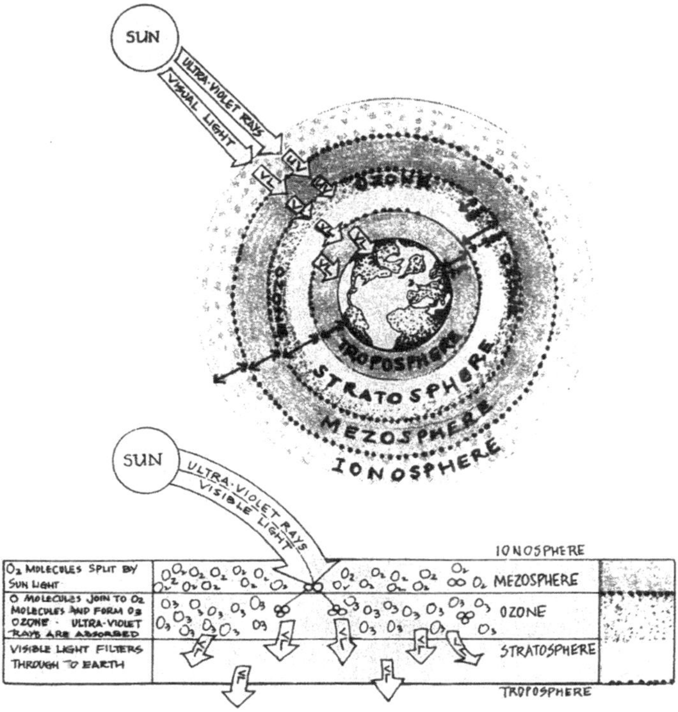

에서나 발생한다. 지면에 있을 때는 스모그의 구성요소이기 때문에 좋은 게 아니지만, 먼 대기층인 성층권에서는 태양으로부터 오는 위협적인 광선을 흡수해서 피부암을 일으킬 수 있는 자외선을 땅에 도달하기 전에 차단해 준다.

성층권을 통과한 태양광선은 산소, 질소, 이산화탄소, 지상에 존재하는 오존과 대기 중의 수증기를 거쳐 들어올 때, 태양광선이 실제로 지면과 우리에게 도달하기 전에 걸러지게 된다. 그러므로 태양광선 전부가 지면에 도달하기 힘들다고 생각하겠지만 태양에너지는 매우 강하다. 사실상 우리가 볼 수 없는 많은 양의 태양에너지는 태양으로부터 나오고 있다. 태양은 중심으로부터 800,000마일정도 될 만큼 매우 크다. 지구에서 생태계를 유지하기 위해서 1천만분의 1정도의 태양에너지정도만 있으면 된다. 그리고

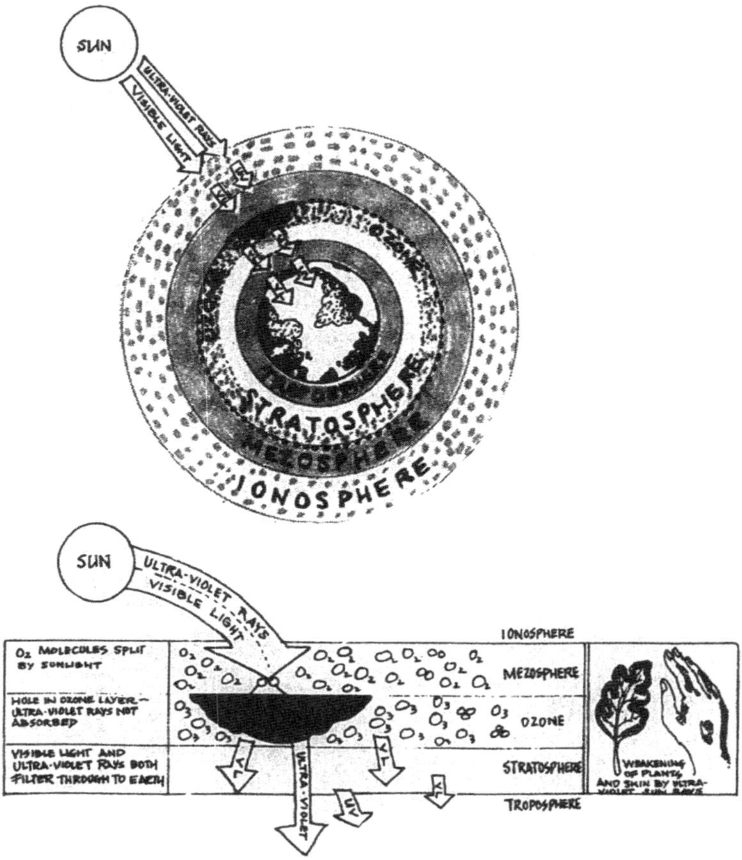

특히 성층권에 있는 오존층과 대기권에서 걸러지지 않는다면 태양에너지의 1천만분의 1정도조차도 너무 많은 에너지일 것이다.

구멍이 발견됐다

1985년에 지구에서 높이 떨어져 공전하는 NASA 위성의 데이터는 몇몇 과학자들이 예측했던 남극 위 오존층에 구멍이 있다는 것을 확인시켜줬다. 몇몇 나라에서 구성된 과학자팀들은 얼음과 태양에서 나오는 위험한 자외선을 조사하기 위해 남극으로 보내졌다. 그리고 연구팀은 오존층에 구멍이 명백하게 있다는 사실에 동의했다.

이러한 발견은 좋은 징조가 아니다. 남극에 사람들이 얼마 안 살기 때문에 세계 대재앙은 아니지만 구멍이 커진다면 어떻게 될 것인가? 의사를 포함한 다른 과학자 팀이 이러한 질문에 대해 대답하기 시작했다. 만장일치로 인류에게 오존층 구멍의 증가는 피부암 또한 증가한다는 것을 의미한다고 결론지었다.

잘 알다시피 과학자들과 의사들은 비슷한 시기에 오존층의 구멍을 깊게 관찰했다. 불안한 소식은 오존층이 계절에 따라 커졌다 작아졌다하지만 결국 넓어진다는 사실이다.

그리고 피부암은 예상대로 늘어나고 있다. 1980년대의 마지막 5년 동안 피부암 환자의 수는 이전의 모든 해들보다 크게 늘어났다. 몇몇 피부암은 즉시 치료하지 않는다면 치명적이다.

오존층의 구멍은 어떻게 형성되었는가?

구멍이 일어난 원인은 분명히 인간에 의한 것이다. 오존층은 수십억 년 동안 존재했을 것이다. 그렇지 않으면 녹색식물들은 지금과 같이 발달하지 않았을 것이다. 비교적으로 최근 몇 해 동안 형성된 오존층의 구멍은 문제를 일으키는 우리의 첨단 기술 사회의 결과물이라는 것이다.

화학자들은 물질들 간 어떻게 반응하는 지를 많이 안다. 오존을 잠식하기 충분하게 오존과 강렬히 반응하는 한정된 수의 물질이 있다. 이러한 의심은 인간이 만든 프레온이라는 화학물질로 금방 해결되었다. 프레온은 클로로풀루오로카본chlorofluorocarbons(CFCs)으로 부르는데 이는 염소와 불소와 탄소원자로 구성되어 있다. CFCs는 팽창된 폴리스티렌(스티로폼)이나 거품 고무(하루에 얼마나 여러 번 이런 두가지 재료와 접촉하는지 생각해봐라.)의 제조에 많이 이용되지만, 대부분 사람들은 그것들을 냉장고나 에어컨의 공기를 차갑게 유지하기 위한 용도로 밖에 모른다. 이들은 헤어스프레이나 공기 청정기와 같은 에어졸의 추진체로 이용되지만, 이런 제품 사용을 반대하는 국가는 점점 늘어나고 있다.

CFCs는 새는 에어컨이나 냉장고에서 나오고, 또는 버려진 팽창 폴리스티렌(스티로폼) 컵으로부터 나와서, 결국 오존층이 있는 외기권까지 도달하게 된다. 그들이 오존 분자들을 먹는 상태가 된다면, 한 개의 CFC 분자는 100,000개의 오존 분자를 150년 동안 먹을 수 있으며, 한 개의 팽창된 폴리스티렌 컵은 100경 개의 CFC 분자들을 가지고 있다.

오존층 구멍이 남극에서 처음으로 발생한 이유를 쉽게 알 수 없다. 어떤 사람들은 CFCs가 상층부 공기 패턴과 축을 따라 자전하는 지구 때문에 남극에 농축될 것이라고 믿는다. 다른 사람들은 남극에서의 온도와 관련 있다고 믿는다. 북극의 오존층이 점점 얇아지는 새로운 증거를 보아, 아마도 이러한 모든 게 통합된 결과일 것이다.

처음에 과학자들은 오존층이 10년에 걸쳐서 약 2%씩 특정한 지역이 아닌 지구전체적으로 얇아진다고 믿었다. 이 모든 현상이 그리 심각하지 않을 것이라고 믿었지만 지금은 매우 위험한 상태에 있다. 게다가 오존층 구멍의 크기 외에, 과학자들은 어디에서부터 왜 발생하는지에 대한 명확한 정답이 없기 때문에 걱정하고 있다.

One CFC molecule ⊖ eats 100,000 ozone molecules and lives for 150 years.

이를 막기 위해 한 것이 있는가?

답은 그렇다 이다. 하지만 이걸로 충분한가? 그건 아마 아닐 것이다.

첫 번째 큰 단계는 캐나다에서 열린 국제적인 모임에서 이뤄졌다. 세계에서 많은 나라들이 지금은 몬트리올 의정서라고 알려진 서류에 서명을 했고, 서명을 통해 CFC 생산을 2000년 까지는 50%로 줄인다고 동의했다. 하지만 많은 환경론자들은 환경을 실질적으로 돕기 위해서는 75~85%를 줄여야 한다고 말한다.

오존층을 보호하기 위한 제안은 프레온의 창시자인 미국의 큰 화학회사 듀퐁이 제시하였다. 듀퐁은 오존층을 파괴하지 않을 CFCs의 대체물질이지만 몇 년을 거친 테스트와 분석이 끝난 후에서야 새로운 제품에 적용될 것이라고 발표했다. 그동안 다른 화학 회사들도 오존에 좋은 대체 화학 물질을 찾기 위해 경쟁하고 있다.

하지만 화학물질들보다 더 좋은 방법이 있을 것이다. CFCs는 에어컨이나 냉장고를 차갑게 유지할 유일한 방법은 아니다. 열전대thermocouple 냉각 방식이라고 부르는 오랫동안 있었던 기술이 있다. 이는 이렇게 적용된다. 만약 전기가 특별히 고안된 전선을 통과할 때, 한쪽 끝은 차갑게 되고 다른 한 쪽은 따뜻해진다. 냉장고와 에어컨에서, 차가운 부분은 공기를 차갑게 해야 하는 내부에 두고 따뜻한 부분은 바깥에 있어야 한다. 이러한 방법을 통해서 냉장고나 에어컨은 조용해질 수 있는 반면에(압축기 소음 없음) CFCs도 공기 중으로 방출되지 않으므로 오존층의 구멍을 크게 할 수 없다.

하지만 아마 오존층의 구멍을 막기 위한 방법은 아직 노력중이고, 이는 우리들이 충분히 할 수 있는 것이다. 우리들 주위 사람들에게 이런 심각한 문제를 가르쳐줘야 한다. 이 책을 통해 배운 것들을 말해줘야 한다. 만약 환경에 관해서 다뤄진 방법이 맘에 들지 않으면 다른 사람에게 말해라. 그룹 속에서 다 같이 있을 때 말해라. 그룹이 커질수록 많은 영향력을 얻을 수 있을 것이다. 현존하는 법이 바뀌질 수 있는 방법들은 제안하라.

기억하자. 여기에서 시간이 가장 중요한 요소이다. 다른 방식으로 환경적인 재앙을 바꿀 수 있는 CFCs의 대체물질을 개발하는 데에는 몇 년의 세월이 필요할 것이다. 그동안 CFCs와 이에 관련된 모든 물건들 사용을 멈춰야 하며, 아직 아무도 하지 않는 이 시점에서부터 시작해야 한다. 그렇게 하여 문제를 해결해야 한다. 우리가 어떻게 생각하든지간에, 일반적으로 우리는 사람들을 위한 그리고 사람들이 만들어 나가는 정부가 있는 세상에서 살고 있다. 우리가 가지고 있는 힘을 사용하자.

7.

스모그, 먼지, 그리고 암

읍내와 도시를 떠나 시골로 갈 때 환경이 매우 깨끗하다는 것을 알게 된다. 시골에서는 도시 사람들이 꼭 마셔야할 공해가 없다. 그리고 우리가 자동차를 수시로 마주치는 도시, 읍내 및 기타 지역에 돌아가거나 방문하게 된다면, 모든 것이 더 더럽다는 것을 알 수 있다. 공기는 약간 안개처럼 뿌옇거나 특정한 냄새 또한 난다. 그러나 자동차에 대하여 공정하게 생각하면, 그것이 도시 환경오염의 유일한 원인은 아니다. 몇몇 도시들에서는 굴뚝의 연기나 재가 공기 중에 먼지를 추가하여 뿌옇게 한다.

예를 들어, 시골에서는 손톱이 깨끗하게 남아있는 반면에 도시에서는 매일 깨끗하게 하려고 한다는 이유를 한번쯤 생각해 본적이 있는가? 어디로부터 이런 추가적인 도시 먼지가 오는가?

스모그란 무엇인가?

모든 사람은 안개와 친숙하다. 안개는 정지한 작은 물방울일 뿐이다. 이들은 묽은 하얀 구름이고 매우 깨끗하다. 결과적으로 안개 속을 걸어갈 때 축축함을 느끼겠지만, 눈은 따갑지도 않고 기침하지도 않으며 더럽다고 느끼지 않는다.

짙은 안개[fog]는 조금 더 두꺼워서 육안으로 사물을 보기 힘들게 하지만, 엷은 안개[mist]와는 크게 다르지 않고 두 가지 모두 근본적으로 물방울이다. 한 가지 다른 점은 짙은 안개에서는 수증기가 응결될 때 고체물질이 존재하게 된다. 이러한 고체물질 때문에 안개[mist]보다 짙은 안개[fog]가 더 두껍게 되는 것이다.

스모그는 반면에 전혀 다르다. 스모그는 현대 현상이다. 첫째로 스모그는 짙은 안개보다 더 위협적이다. 아무리 몇 마일정도 볼 수 있을 정도의 묽은 스모그라도 눈에 모래알과 같은 염증을 일으키며 목에 역겨운 모래알이 있는 것처럼 느끼게 만든다. 스모그가 짙어질수록 그 효과는 커진다. 기도는 염증이 생기고 기침을 할 것이다. 스모그의 마지막 단계는 운전하기 어려울 만큼 시야를 가리고, 최근에 가끔 발생하지만 결국 운전을 불가능하게 만든다.

짙은 안개와 스모그의 결정적인 차이는 새로운 성분, 즉 종종 부유하는 재나 화롯불에서 증발한 물질 또는 단순히 공기 중에 떠다니는 미세한 먼지 위에 붙은 복합 유기물이다. 그리고 많은 문제를 발생시키는 이런 유기물은 무엇인가? 이것이 바로 PAN[peroxyacyl nitrate]이라고 하고, 너무 많이 마시게 된다면 눈이나 목에 염증이나 화상을 일으킨다.

스모그의 원인은 무엇인가?

스모그의 구성은 상당히 복잡하다. 구체적인 그을음에 관련된 언급 없이도 이러한 원인과 결과에 대해서 윤곽을 그릴 수 있다.

스모그는 자동차의 배기가스에서 나오는 물질로부터 유래되었다. 특히 두 가지 화학물질은 이와 관련된 것이다.

첫 번째 물질은 단순한 혼합물인 이산화질소(또는 아산화질소)이다. 이 물질이 차 배기가스로 나올 때, 태양광선이 충분하면 분해와 결합을 통해 일산화질소(또는 산화질소)가 되고 또 다른 화합물인 활성 산소가 된다. 활성 산소 원자는 공기 중에 있는 보통 산소원자들(우리들이 숨쉬는 것)과 쉽게 결합하여 새로운 화합물인 오존을 형성하게 된다. 이 오존은 6 장에서 성층권에 존재하는 보호막과 달리

지면에 남아 있기 때문에 해롭다.

그러나 잠시 오존 문제의 언급을 피하고 배기가스에서 나오는 물질로 돌아가자. 내연기관에서 석유를 태울 때 탄소함유 혼합물을 형성한다. 분자는 외관상 매우 길고 뱀과 같이 생겼으나 육안으로 보기엔 매우 작다. 보다 더 중요한 점은 이들은 매우 화학적으로 활성상태이다. 공기 중에 떠다니면서 이미 만들어진 오존과 결합하여 위에서 묘사하듯이 앞서 언급한 PAN을 생산한다.

이렇게 수반된 PAN 분자는 움직일 수 있을 정도로 큰 무시무시하게 생긴, 활성산소와 이산화질소를 함유한, 혼합물이다. 이 혼합물은 공기 중에 존재하는 고체 상태로 된 미립자들에 흡수된다. 작은 미립자들과 PAN 분자는 스스로 흡수되어 공기 중에 부유하면서 스모그의 중요한 성분이 된다.

스모그가 우리들에게 미치는 영향

스모기티스smogitis에 대한 약간의 증상을 위에서 살펴보았다. 스모기티스는 눈을 따갑게 한 후 스모그가 커지면 기도가 손상되고 염증이 생긴다. 만약 기관지 질병을 안고 있고 스모그가 두꺼운 상태이면 죽음에까지 이를 수 있다. 스모그에 반복적으로 노출되게 된다면 다른 병들도 발생한다. 이런 일련의 병들은 때때로 스모기티스라는 두루뭉술한 문구로 일컬어진다.

때때로 살인 스모그가 발생하는 것처럼, 간혹 우리가 묘사했던 것보다 더 악화될 수도 있다. 역사적으로 가장 유명한 스모그는 1952년에 런던을 강타했던 것이다. 스모그는 4일 동안 지속되었다. 당시 도로와 인도를 구별하기 힘들었기 때문에 길을 걷기에 힘들었다. 스모그가 집에 들어와 계단을 보기 힘들 정도로 어두침침하게 만들었다. 그리고 스모그에 관련한 건강문제로 4,000명이 죽었다.

스모그와 자동차

이제까지 이 장을 읽은 사람은 스모그는 우리가 현재 자동차에서 사용하고 있는 연료(휘발유와 디젤)의 생산물이라는 점을 잘 알 수 있을 것이다. 이러한 운송수단은 꼭 필요하다. 사실 개인 운송수단은 20세기 후기 이후로 선진국에서 필수 수단이 되었다. 하지만 휘발유나 디젤로 구동하는 운송수단일 필요는 없다. 다른 청정한 방법들이 있는데 이 책의 뒤에서 언급하겠다.

디젤과 휘발유로부터 기인한 암

이제까지 디젤과 휘발유로 차를 구동하거나 석유로 산업을 운영할 때, 온실효과나 지구온난화, 일반적으로 건강을 악화시키는 폐기종과 같은 기관지 병. 산성비, 숲의 감소와 죽은 호수와 관련된 광범위한 문제점들을 일으킨다고 배웠다. 하지만 일반적으로 휘발유와 석유를 암세포나 종양이 커지는 것과 같은 가장 위협적인 병들과 연루시키지 않았다. 최근 연구에서 디젤로 구동하는 차의 배기가스에서 발견되는 혼합물과 특정 유형의 암과의 상관관계를 밝혀냈다. 예를 들어 미국 암 협회에서는 비흡연자 폐암 사망자들과 그들 개인이 운전한 마일 수와의 상관관계를 밝혀냈다. 디젤엔진 배기가스는 유독 발암성이다. 그 이유는 이들은 밴조피렌이라는 흡연자들에게 폐암을 일으키는 화학성분을 포함하고 있기 때문이다.

하지만 이게 전부가 아니다. 휘발유와 석유가 생산되고 정제되는 곳에서는 그런 산업이 없는 곳보다 암 발병률이 높다.

유감스럽게도 자동차의 많은 장점에도 불구하고, 환경적인 측면은 말할 것도 없이 인간 건강 유지에 들어가는 비용이 매우 크다.

자동차를 포기해야 할까?

하지만 자동차를 포기하는 것은 현실적이지 못하다. 삶의 한부분이고 일찍이 타고 다녔던 말과 같다.

몇몇 사람들은 메탄올이 휘발유와 디젤을 대체할 수 있다고 주장했다. 그들은 사실상 메탄올은 휘발유와 같은 공해를 발생시키지 않는다(예를 들어 스모그가 없음)고 말한다. 그러나 그들이 말하지 않은 것은 메탄올이 휘발유와 같이 이산화탄소를 많이 배출할 뿐만 아니라 다른 발암성 물질인 포름알데히드를 생산한다. 그러면 손을 떼는 게 나을까? 메탄올로 석유와 휘발유를 대체한다는 것은 프라이팬 위에서 불로 뛰어드는 것과 같다. 우리는 암이나 스모그 또는 먼지를 발생하지 않는 깨끗하고 효율적인 연료를 사용해야 한다. 수소는 이와 같은 연료이고 그 이유를 이 책에서 나중에 설명하기로 한다.

우리는 어느 누구에게도 부당한 희생을 치루라고 요청하지 않는다. 우리는 단지 사람들에게 제공한 선택들을 이해해 달라는 말을 하고 있는 것이다. 우리는 우리가 취하고 있는 이기적인 태도와 어떤 일이 있더라도 개발하려는 요구가 우리의 건강과 환경을 해친다는 것을 깨달아야 한다고 사람들에게 요청하고 있다.

Give up the Automobile?

먼지

그러나 지금부터 먼지에 대해서 조금 언급하겠다. 집안의 먼지뿐만 아니라 주위에서 찾을 수 있는 먼지, 즉 청소를 한 후에 열린 공간에서 모아진 먼지, 하얀 페인트를 칠한 매끈한 선반과 같은 가장 매끈한 표면을 긁어낼 때 나오는 기름진 먼지 등을 의미한다. 그리고 어떤 물건을 깨끗하게 유지하려면 끊임없이 청소하여야 한다는 것을 의미한다. 어디에서 이런 먼지들이 왔는가?

글쎄, 공기 중에 전기적으로 하전된 먼지들로부터 온다. 상당한 시간동안 공기 중에서 머무르는 모든 입자들은 전기적으로 하전된다. 이는 붙어있지 못하게 떨어진 상태로 유지하게 해주고 땅에 떨어질 정도로 무겁게 된다. 하지만 결국 그들은 하전된 상태가 감소하여 잃은 후, 서로 뭉쳐서 큰 입자를 형성한 후 지구 표면에 정착한다.

이러한 많은 입자들은 천연자원으로부터 오고 자동차가 생기기 전부터 있었던 것이다. 이들은 숲의 화재로부터 오거나 지구에서 꾸준히 활동하고 있는 화산활동으로부터 공기 중에 뿌려진 많은 양의 재로부터 온다.

그러나 금세기에 우리들은 화석연료들(휘발유, 석탄, 석유, 나무)를 태움으로써 더 많은 양의 입자들을 세상에 뿌리게 되었다. 이러한 연료들은 차를 구동시키고 전기를 생산하거나 난방이나 요리할 때 사용된다. 디젤연료는 특별히 작은 검은 입자들이 가득 있는 배기를 생산한다. 그래서 현존하는 연료들은 스모그뿐만 아니라 많은 추가적 일의 원인인 던지나 그을음을 발생시킨다.

8. 핵에너지 학습

핵에너지의 탄생은 1942년 뉴멕시코 알라마골도에서 원자폭탄의 폭발로부터 시작 되었다. 세계 2차 대전은 그 결과로 히로시마와 나가사키에 원자폭탄들을 떨어뜨림에 따라 종결되었다. 일본인들은 엄청난 무기에 무릎을 꿇었다. 얼마 지나지 않아서 '평화를 위한 원자'라는 프로그램이 생겼고, 정부는 50년 이내에 모든 나라 경제는 핵에너지로부터 전기를 얻어 싼 가격에 운영될 거라는 기대 속에 핵에너지를 연구하거나 제어하기 시작했다.

핵연료와 화학연료(휘발유, 제트연료 그리고 천연가스)는 우리가 그들로부터 얻을 수 있는 에너지의 양에 있어서 대단히 크게 다르다. 게다가 핵연료는 태울 때 산소를 이용하는 기존의 화학연료와는 달리 특별히 다른 물질이 반응에 참여할 필요가 없다. 핵연료는 단지 즉시 분열하고 합당한 비율에서 반응한다면 꾸준한 열이 발생하고, 증기를 만들어 터빈 발전기를 돌려서 전기를 생산한다.

희망과 두려움들

초기에 핵연료는 화학연료보다 막대한 장점을 가지고 있는 것처럼 보였다. 1940년대 후기와 1950년대 초기에 다른 의견 없이 핵연료로 가능한 빨리 대체하자고 하였다. 많은 사람들은 에덴의 동산이 왔다고 생각했다. 예로 들면 한 마을을 몇 주 동안 운영하는데 필요한 양을 보여주는 극소량의 핵연료의 사진들이 있다. 그리고 핵발전은 거의 비용을 무시할만 했다(1 kWh 당 몇 십분의 1페니). 요점은 이 가격에는 에너지를 아끼기 위해서 전등을 끌 필요가 없어지게 된다는 것이다.

지금까지 알고 있는 탄소함유 연료들을 봤을 때 이산화탄소가 발생하지 않는 핵발전은 환경문제를 해결해 줄 것 같다. 하지만 핵발전에는 중대한 결점이 있다. 초기에 핵에너지는 항상 엄청난 전쟁무기와 관련지었고 그러한 이유때문에 아직까지도 그 두려움을 떨칠 수 없다. 우리가 핵반응을 통해 굉장한 에너지를 이용할 수 있다고 할지라도 우리 손아귀에서 벗어나서 의도치 못한 폭발을 일으킬 수 있다. 사실 이런 가능성은 매우 희박하다. 1988년에 체르노빌에서의 핵 사고는 여러 날 동안 지속되었다 할지라도 원자폭탄과 같은 종류의 원자 폭발 문제일 뿐이다. 하지만 핵반응로에는 많은 위험들이 있다. 이러한 문제점들은 논쟁으로 인해 눈감아졌지만 몇 가지 사실들은 매우 명확하다.

방사능

지금 우리들은 매우 소량의 핵 방사능과 함께 살고 있다. 이는 땅에서부터 오는 것이고 이는 배경background 방사능이라고 한다. 자연적으로 발생한 저강도 방사능의 한 예는 많은 집으로부터 적은 양의 라돈 가스로부터 발생한다. 이러한 저강도 방사능은 무해하다는 것을 짐작할 수 있다. 그 이유는 자연방사능의 영향 하에 수억 년 동안 함께해 왔으며 발전해왔기 때문이다.

그러나 인체가 방사능 물질로부터 고강도 방사능(핵반응로에 사용되는 연료의 입자들 일종)에 노출된다면 인체를 두 가지 방법으로 손상시키게 될 것이다.

- 총알과 같이 해를 끼치는 형태가 있다. 핵물질이 세포에

부딪힌 후 파괴시킨다. 이러한 결과는 종종 종양으로 나타난다.

- 다른 해를 끼치는 형태는 간접적이다. 핵물질은 인체의 세포를 둘러싸고 있는 물과 같은 유체에 들어간다. 만약 이러한 현상이 일어난다면 보통 세포에서 발생하지 않는 새로운 종의 산소(이온화된 산소)가 발생하게 된다. 세포들은 그 후 잘못된 방향으로 자라게 하는 독성이 있는 유체를 흡수한다. 결국 암을 발생시키는 원인이 된다.

이러한 게 논쟁의 여지가 없게 된 까닭은 많은 양의 핵 방사선이 암을 발생하기 때문이다. 그러나 얼마나 많은 방사선이 많다고 하는가, 그리고 얼마나 많은 양이 핵반응로에서 나오는가? 핵반응로 근처에 있다면 얼마만큼 사람들에게 영향을 주는가, 또는 저장된 음식에서 발생하는 해로운 반응의 원인은 얼마만큼 많은가? 방사선에 노출된 뒤 암으로 발달하기까지 얼마나 오래 걸릴 것인가? 이러한 질문들에는 누구에게 물어보느냐에 따라 각각 다른 답을 얻을 것이다.

훌륭하게 지어진 그리고 훌륭하게 유지된 핵반응로는 대량의 높은 에너지 방사선을 방출하지 않는다는 사실은 명백하게 보인다. 이러한 발전소를 짓는 건축자들이 훌륭하게 시공하여 잘 운영된 핵발전소는 해가 없다고 하는 말은 아마도 맞는 말이다. 하지만 경험을 통해 알아본 결과로는 발전소는 항상 잘 운영될 수 없고, 결점도 많고 사람들의 실수도 종종 발생하므로 이로부터 문제점들이 야기된다. 사고는 발생할 수 있고 만약 체르노빌처럼 화재가 일어난다면 멀리 떠다닐 수 있는 핵물질이 포함된 연기를 생산할 것이다. 그리고 이러한 연기는 이와 접촉하는 모든 사람들에게 매우 해롭다.

핵 방사능으로부터 오는 건강에 해로운 물질을 고려할 때 중요한 부분은 방사능의 강도이다. 이는 한 사람이 특정한 기간 동안 얼마만큼 많은 양의 방사능을 받는지를 의미하거나 특정한 시간동안 저강도 방사능의 양이 중요한 의미를 지닌다. 페트카우Petkau라고 하는 캐나다 물리학자 덕분에 우리들은 방사능 물질이 천천히 섭취되는 것이 빨리 섭취되는 것보다 인체에 더 안 좋은 영향을 준다는 점을 이제 알게 되었다.

이것이 어떻게 발생하는지를 이해하는 것은 매우 쉽다. 얼마만큼 고강도 핵물질이 세포 주위에 있는 액체에 안 좋은 이온화 산소를 생산할 수 있는지 알아야 한다. 같은 현상이 저강도 방사선에서도 발생한다. 세포주위 액체에 있는 이온화 산소는 세포막에 머물러 있다가, 각각의 세포 구조와

기능을 제어하는 유전 정보인 DNA에 영향을 줄 수 있다. 그래서 DNA에 주는 손상은 세포의 기능에 장애를 주며, 생식기 세포에 안 좋은 영향을 준다면 기형아를 출산시킬 수도 있다. 방사능이 고강도 방사능인 경우와 같이 몸 안으로 빨리 침투하게 된다면, 많은 이온화 산소 입자들이 순식간에 발생하게 되며 이것들이 모두 세포에 흡수될 수는 없을 것이다. 그래서 많은 이온화 산소 입자들은 '버려진 것'이며 더 이상 피해를 주지 못한다. 하지만 우리들이 같은 양만큼 장시간 동안 천천히 영향을 받게 된다면 모든 이온화 산소 분자들이 세포의 표면에 붙어서 DNA에 영향을 줄 수 있다.

만약 핵발전소가 순조롭게 된다면 별로 위험하지 않으므로 핵 방사선 오염으로부터 오는 인체의 악영향에 대해 그만 논하도록 하자. 하지만 사고는 항상 발생하고 만약 발생한다면 직접적으로 암의 근원인 고강도 방사선이 인체에 위협이 된다는 것은 사실인 것 같다. 게다가 저강도 방사선을 오랫동안 계속 쐬게 된다면 우리가 기존에 생각했던 것보다 더 큰 피해를 줄 것이다.

핵 대재앙

저·고강도 핵 방사선의 민감한 부분보다 사람들이 더 무서워하는 것은 전체 핵발전소가 폭발하게(인구의 중심지에서 원자폭탄처럼) 될 것이라는 것이다. 사실상 이러한 일이 발생한다는 것은 매우 희박하다. 원자로의 노심 용해현상이 핵폭발보다 더욱 현실성 있는 두려움이다.

노심이 용해될 때 발전소 반응로를 계속 가동시키게 하는 일반적인 냉각수는 뜻하지 않게 중단된다. 반응로는 그 후 과열되고 중심의 고체부분은 녹는다. 그 후 냉각수라인의 파손으로부터 반응로 위로 물이 새고, 초고압의 증기가 발생하여 아마도 반응로의 윗부분을 폭발시킬 것이다. 핵연료를 포함해서 반응로 내부의 몇몇 구성요소들은 그 후 대기 중으로 방출될 것이며 멀리 퍼지게 될 것이다. 덧붙여서 매우 뜨거운 방사선 중심부가 녹아서 반응로를 뚫고 땅속 깊이 몇 마일까지 내려갈 것이다.

이런 종류의 재앙들은 예견되었고 핵발전소 설계자들이 반대했었다. 대부분 반응로에서 보이는 반짝이는 돔들의 설계에 과열로 인한 폭발 위험을 포함하기를 희망한다. 그러나 설계자들은 확신할 수 없고 아무도 실험은 원치 않는다. 다행스럽게도 우리는 아직 큰 노심 용해현상을 본적이 없다. 만약 마을에 발전소 한 개가 있다면 수천만 사람들을 죽음으로 몰아갈 수 있을 정도이다. 그러나 우리들에게 몇 가지 일촉즉발의 위험들이 있고, 이러한 위험들로부터 배

울만한 큰 교훈이 있다. 즉 그것들은 모두 사람들의 실수를 포함한다.

한 일촉즉발 위험의 예로, 알라바마 주에 있는 브라운스 페리Brown's Ferry에서, 한 부주의한 기술자가 지하통로를 촛불을 밝히며 걸어갔었다. 그는 통로를 통해서 바람이 잘 가고 있는 가를 관찰하기 위해 손에 초를 들고 있었다. 들고 있기 힘들어서 초를 머리 위로 올려 들었다. 이 때문에 냉각수 파이프의 단열제가 불이 났다. 그 순간 냉각메커니즘은 차질을 빚게 되었고 이로 인해 핵발전소의 노심 용해가 시작되었다. 반응로와 마을을(아마도 주의 대부분) 긴급조치로 구할 수 있었다.

가장 최근 체르노빌에서 발생한 재앙으로 사고의 주원인은 한 과학자가 반응로를 풀가동시킨 상태에서 실험을 진행해서 발생하였다. 그들은 전기를 만드는 회전자(터빈)를 멈춘다면 어떤 현상이 일어날지를 보고 싶었다. 실험을 하기 위해서 그들은 반응로를 보호해주는 자동 안전장치를 껐다. 실험을 하는 동안 반응로의 열 생산 부위는 제어할 수 없는 상태가 되었고 이를 끄기 위한 자동 장치 또한 없었다. 핵 화재는 시작했고 반응로는 반짝이는 돔이 없었기 때문에 뜨거운 핵물질을 동반한 연기가 중북부 유럽에 퍼졌다.

이런 두 가지 사고들에서 물체의 피로도 없었고, 금속 부품의 손상도 없었고, 단지 사람들의 실수만 있었다. 사람들이 부주의할 수 있다는 사실이 핵반응로를 다룰 때 배운 중요한 교훈들 중 하나이다.

아무도 죽지 않았다...

몇몇 전문가들은 수천 명이, 비록 공식적으로는 사망자 수가 4명에 불과했지만, 체르노빌 재앙으로 인해 결국 죽을 것이라고 말했다. 이러한 두 관점 사이에 명백하게 큰 차이가 있고, 이것은 누가 핵반응로 때문에 피해를 입을 지에 따른 의견차이 특성이다.

핵 방사선 누출 때문에 발생하는 주요한 인체의 위험은 암, 종양이나 백혈병의 형성이다. 하지만 이러한 질병들은 방사능에 처음 노출된 후 오랜 세월동안 진행되지 않을 것이다. 오랜 세월이 흐른 뒤에는 핵 방사선이 특정한 암을 유발하는지를 증명하기 힘들 것이다. 예를 들어, 문제가 발견될 때에는 피해자는 세계 곳곳에서 살아왔을 것이며 많은 위험에 노출 되었을 것이다.

그럼에도 불구하고 동물들을 대상으로 실험을 할 때, 일정량의 방사선에 노출시킴으로써 얼마만큼 많은 암이 발달

할 것인지를 예측할 수 있다. 이를 토대로 보건소는 체르노빌 대재앙의 결과로 20,000명의 사망자를 예측했다.

핵사고의 확률조차도 계산하는 게 가능해졌다. 예를 들어 만약 미국이 전부 핵 발전으로 돌아가게 된다면 약 2,000개의 핵반응로가 필요하게 될 것이다. 만약 이러한 핵반응로에 지금까지 알려진 사고통계를 적용한다면 약 2달에 한 번 정도로 사고가 발생할 것이다.

이상적인 핵융합

이제까지 우리들은 매우 소량의 우라늄으로부터 많은 양의 에너지를 얻는 방법, 즉 원자의 중심에 있는 핵이 붕괴할 때 방출된 에너지를 이용하는 것에 대해 논하였다. 이러한 에너지를 핵분열(산산이 흩어지는 현상)이라고 한다.

그러나 대량의 에너지를 얻는 다른 방법이 있다. 그 아이디어는 핵분열과 같이 오래된 게 아니다. 사실상 그것은 핵분열과 정반대이다. 대신에 핵융합(원자들을 합치는 현상)을 포함하고 있다.

만약 두개의 수소원자가 높은 압력과 온도에서 융합을 하게 된다면 두 원자는 수소원자가 아닌 헬륨이란 원소를 형성하는 동시에 많은 에너지를 방출하게 된다. 수소원자를 융합해서 헬륨을 만드는 것은 태양에너지의 근원이다.

핵물리학자들은 항상 언급해 왔듯이, 만약 제어 가능한 조건하에서 핵융합이 성공할 수 있다면, 핵에너지로부터 유용하고도 안전한 열을 얻을 수 있는 이상적인 방법이라고 말한다. 하지만 한 가지 단점이 있다. 어떻게 수소원자들을 발전소와 같은 제한된 방법으로 융합시켜서 나온 에너지를 이용하여 전기를 생산할 수 있는가?

핵융합이 가능하다는 것을 알고, 그 증거들로 태양과 수소폭탄이 있다. 하지만 폭탄은 많은 에너지를 생산함에도 불구하고 적절히 제한된 방법으로 생산하지 않는다. 그래서 우리들이 안전하게 에너지를 생산할 수 있을 때까지 이런 엄청난 동력의 근원을 이용하거나 이로부터 전기를 생산할 수 없을 것이다.

핵발전 반대

많은 이유에 의해서 세계적으로 핵발전소를 짓는 것은 급격히 줄어들었다.

미국에서는 법정에서 부분적으로 금지 명령을 하는 과정, 즉 판사들이 일시적으로 순서를 제한하는 것을 통해 이루어졌다. 만약 합당한 사건이 환경에 관한 전문가들로 의해 다뤄지고 변호사들의 조언으로 뒷받침하면, 판사들이 전기관련 공기업체의 실리에 반하여 금지 명령을 내릴 수 있도록 설득될 수 있고, 그 후에 핵발전소와 관련된 일들은 즉시 멈춰야 할 것이다. 그에 따라 환경 전문가들과 변호사들의 진술은 전문적인 진술들과 법정에서 공방을 통해 진위가 판명된다. 만약 이러한 논쟁들이 계속되어진다면 법정은 특정 지역에서 반응로를 짓는 것에 대해 영구적인 금지령을 내릴 것이다. 미국의 많은 지역 사람들은 이러한 절차를 통해서 핵발전소 짓는 것을 봉쇄하거나 최소한 급격히 감소시키는 결과를 낳았다. 게다가 이런 절차는 매우 비싸기 때문에 발전소를 짓는 총 가격은 올라가게 되었다.

영국에서 그런 주요 토목공학 프로젝트의 시작은 예외없이 공개 조사를 통해 진행된다. 프로젝트를 찬성과 반대하는 사람들은 공평한 판결을 통해 그들의 주장을 확고히 만든다. 그리고 이는 매우 길고도 비싼 절차이다.

하지만 핵반응로 개설이 둔화된 주된 이유는 매우 간단하다. 핵반응로를 통해 생산하는 전기가 매우 비싸다. 핵반응로는 만들기 매우 복잡하고, 해년마다 많은 안전시책들이 디자인과 운영에 첨부되어야 한다.

게다가 반응로가 사용기간이 끝났을 경우나 더 이상 가동되지 못할 경우 해체되어야 한다. 이는 안전하게 다룰 수 있는 방사선 물질을 제거하거나 나머지 건축물들을 콘크리트 덮개로 감싸야 한다는 것이다. 다시 말하면 이는 매우 비싼 절차이고 전기를 생산하는 총 비용에 더 추가된다는 것이다. 또한 우라늄 가격이 더 이상 기존과 같이 싸지 않다.

이러한 모든 요소들을 고려하면 아주 싼 전기를 생산하는 고갈되지 않는 공급원이었던 원자력 발전에 대한 구상들이 물거품이 되었고, 세계적으로 새로운 핵발전소 건설이 대폭 늦추어지는 반면에 몇몇 나라들은 핵 발전을 완전히 멈추게 하였다.

이제까지 배운 게 무엇인가?

배웠던 것을 보면 핵 발전 시대는 이미 지나간 것처럼 보인다. 사람들은 핵에너지는 원하지 않으며 이에 관해서 매우 뚜렷하게 알고 있다. 사람들이 위험의식을 느낀다는 것은 확실하고 그들은 어떤 위험이든지 법적인 제재를 통해서 금지시키려 할 것이다.

이제까지 인재로 인한 핵 사고를 배웠다. 핵발전소를 운영하는데 무인으로 한다는 것은 불가능하거나, 인간 본성에서 오는 약점에 쉽게 영향을 받을 수밖에 없으므로 사람들이 일하는 100% 시간 동안 100% 근면 성실하게 근무한다는 것은 장담하기 힘들다.

사람들은 몇 십년 앞에 생각해야 한다. 몇 십년 전에 핵에너지사업(예를 들어, 안전과 폐로)을 예측했더라면 핵 반응로를 애초에 지으려고 하지 않았을 것이다. 하지만 많은 사항들을(각대한 건설비와 운영비, 연료의 급속한 고갈, 핵발전의 인체 유해성 그리고 사람들의 공포와 분노) 예측하지 못했다.

핵위험을 평가할 때 소위 말하는 상식이 항상 옳은 방향으로 향할 수는 없다는 점을 배웠다. 예를 들어, 누가 과연 같은 양의 저강도 방사선이 고강도 방사선보다 훨씬 피해를 준다는 것을 알았을까?

이러한 문제점이 있음에도 불구하고 안전에 대해서도 배웠다. 핵에너지가 새로운 에너지이기 때문에 우리가 사용하면서 어떻게 다룰 수 있는지를 배웠다. 예를 들어 대부분의 안전분석이 파이프, 냉각시스템이나 밸브가 계속 유지되거나 믿음직한지 안한지를 고려하고 있다. 그러나 핵사고는 항상 예측하기 어려운 인재로 인해 발생하였다. 그러므로 지난 과거보다 예측불허인 인재를 경계해야할 필요가 있다.

우리들 모두 핵에너지에 대해 지나치게 긍정적으로 바라봤기 때문에, 매우 빨리, 회상하여 보면 너무 빨리, 미래로

나아갔다. 지금쯤이면 에너지 시스템을 바꿔야 한다는 사실을 알아야 한다. 이러한 새로운 에너지 시스템을 개발할 때 핵에너지에 대해 배웠던 것을 잊지 말자. 정치인들에게 앞으로의 에너지 방향은 청정, 지속가능하면서도 안전한 쪽으로 향해야 한다는 점을 주장하자.

9.

요약

이전 장들에서 우리 환경의 주된 위협들을 언급하였다. 불행하게도 아무도 정확히 환경에 어떠한 영향을 끼치는지와 이 모든 것들의 의미 또한 정확히 모른

다. 하지만 지금까지 한 가지 확실한 점은 탄소함유연료는 우리가 살고 있는 세상에 피해를 준다는 점이고 이는 우리들과 우리들의 자식에게까지 영향을 끼친다.

우리들에게 어떤 영향을 주는가?

- 화석연료로 만들어낸 에너지의 사용이 문제점을 일으키기 때문에 에너지 사용을 줄여야 한다면, 특히 미래의 새로운 에너지 기술에 대하여 사람들을 가르치거나 훈련시키지 않는다면, 주요 영향은 실업률 증가일 것이다.
- 해수면이 높아짐에 따라 많은 땅을 잃어가는 것을 겪을 것이다. 50년간 몇 피트의 해수면의 증가는 별로 위협적이지 않을지 몰라도 그 몇 피트는 보수적인 예측이다. 그리고 범세계적으로 몇 피트는 치명적인 영향을 줄 수 있다. 하지만 몇몇 과학자들은 결국 24ft(7m)정도 일 것이라고 한다. 해수면이 높아짐에 의해 발생한 토지손실은 엄청날 것이다. 우리는 어디에 살고 있는가?
- 몇 세대 동안에 넓은 지역을 거쳐 밀 농장을 유지하기 힘들 정도로 너무 덥고 건조하게 될 수 있다. 우리들의 손자들이 충분히 먹을 수 있을까? 대기 중의 질산이나 스모그로 인해 인체에 면역력을 떨어뜨리고 많은 병을 야기

함으로써 인류의 기대 수명은 떨어질 것이다.

- 이 밖에 다른 곧 나타날 재앙으로는 "삼림이 황폐화 될 경우 어떤 일이 발생할까?"일 것이다. 이는 우리들이 숨쉬는 공기에 영향을 줄 것이다. 현재 공기 중에 이산화탄소를 만들어내는 근원들은 많이 있다. 예를 들어 차의 배기가스, 발전소나 공장에서 그리고 우리들이 숨쉬고 뱉는 (지구상에 사는 인간과 동물들은 CO_2를 들이쉬는 양보다 내뱉는 양이 많다.) 근원들이 있겠다. 과거에는 이산화탄소 레벨이 녹색식물의 (CO_2가 필요한) 광합성 작용으로 인해 조절이 되었다. 지구에서 광범위하게 인구가 증가하고 지구를 덮고 있는 삼림의 광대한 면적 감소에 따라 CO_2의 균형은 깨지고 있다.

해결책은 있는가?

몇몇 대안들과 해결책은 제안된 바가 있고 현재 가장 바람직한 해결책으로는 석유대신 메탄올을 이용하는 것이다. 하지만 스모그를 별로 발생시키지 않는 장점이 있는 메탄올도, 대체 원으로서, 탄소를 포함하고 있기 때문에 사실상 석유를 태울 때 발생하는 양 만큼의 CO_2를 발생시키게 된다. 다른 방법으로는 화석연료로 의해 공기 중에 발생한 탄소를 없애는 방법이 있다. 현재 특정한 화합물을 통해 공기를 정화할 수 있으며 공기 중의 이산화탄소와 독성화합물을 없앨 수 있다. 제안된 바에 의하면 공기 중의 탄소를 메탄(천연가스)으로 바꿔서 다시 연소시킨다면 CO_2의 총량에는 변함이 없을 것이라는 말이 있다. 다른 미래 가능성으로는 60~100년 후에는 공기 중에서 탄소를 제거하는 게 석탄으로부터 제거하는 것보다 더 경제적으로 가능할 것이라는 전망이 있다(예로는 섬유산업처럼).

물론 탄소함유연료 옹호자와 후원자들, 즉 대량 이익을 만들어내는 산업부호들이 이러한 연료들에 대한 연구가 치료법보다 더 절실하다고 하는 시도가 많다. 명백히 따지면 많은 연구를 하는 것도 우리들이 공해에 관한 정보를 아는 것과 같이 좋은 생각이다. 하지만 변화의 물결을 막을 이유는 전혀 없다. 우리는 이미 확연히 알다시피 화석연료는 대기를 오염시킨다. 우리가 알지 못하는 많은 세부적인 현상들이 있지만 탄소함유연료로 인해 문제점이 발생한다는 점은 확실하고 이러한 연료를 에너지원으로 사용하지 말아야 한다. 이는 이 책에서는 가장 명백하고 중요하게 밝힌 메시지다.

다른 메시지는 탄소함유연료의 문제점을 정부의 적절한 시책을 통해 해결할 수 있다는 점이고, 그들이 이렇게 하도록 하기 위해서는 우리들의 노력이 필요하다.

현실적인 해결책

그래서 현실적인 해결책은 우리들 손 안에 달려 있다. 사실 이 책은 독자들로 하여금 기업가와 정치인들에게 탄소함유연료 사용을 멈추도록 설득하기 위해서 공격적인 수단의 정보를 제공해 준다.

온실효과와 이제까지 간략히 설명했던 문제들에 대해 한 가지 해결책이 있고, 이는 현존하는 탄소함유연료의 제조자나 판매자들과 직면해야 하는 것이다. 오늘날 사용하는 연료로부터 탄소를 제거해야 하고 대신에 중요한 원소인 수소를 사용해야 한다. 순수 수소를 연료로 사용하는 것은 CO_2와 그 밖의 물질들을 만들지 않는다. 사실은 수소를 연료로 엔진에 사용할 때 수소를 태우는 것은 소량의 NOx를 무시하면 주반응물이 수증기이기 때문에 아무런 해가 되지 않는다. 그러므로 탄소가 없는 연료인 수소를 사용하는 것은 온실효과를 막는데 도움을 줄뿐더러 산성비와 그 밖에 다른 오염물질들을 제거하는데 도움을 준다. 현재 사용하고 있는 탄소함유연료의 성분요소에서 발암성 물질을 없앤다면 모두가 말할 것도 없이 행복할 것이다.

현존하는 연료를 수소로 대체하는 것은 온실효과가 없고 위험한 공해가 없으며 체르노빌과 같은 핵사고의 위협으로부터 벗어나서 삶을 윤택하게 하는 에너지 시나리오이다. 아마도 언젠가는 핵융합 또한 우리들의 에너지요구량에 기여하겠지만, 지금 이 순간에 이러한 전망은 50년 이상이 지난 다음에 이루어질 것이라고 보고 있고, 핵융합으로부터 경제적으로 전기를 얻어낸다는 것은 좀 더 먼 미래일 것이라고 본다.

그러므로 이 책을 통해 사실들을 밝힘으로써 우리는 놀라운 점들을 알게 될 것이다. 이는 탄소함유연료를 제거해야한다는 주목적이 온실효과와 미래의 환경문제를 해결하기 위한 정책들의 모든 것은 아니라는 점이다. 하지만 만약 화석연료생산이 세금으로 인하여 쇠퇴하게 된다면 누가 정치적으로나 경제적으로 손해를 볼 것인지를 알게 될 것이다.

2부

10.

태양에너지 최고의 답

대부분의 사람들은 지붕에 붙은 태양열 집열판에 대해 많이 들어봤을 것이다. 태양열을 흡수하기 위해 검은 바탕으로 되어 있고 뜨거운 표면 위로 물이 흐르고 있다. 이런 뜨거운 물은 가정의 온수를 데우는 데에 쓰인다. 이는 종종 목욕물과 부엌물을 공급하는데 만족스러운 방법이고, 태양열 집열판은 전기사용료 절감을 통해 3년이나 10년 후에 설치 가격을 모두 갚게 된다.

하지만 태양은 전기 또한 만들 수 있다. 햇빛이 전기로 변환될 수 있다는 발견은 1954년에 벨 전화국 실험실에서 피어슨Pearson, 차프만Chapman 그리고 풀러Fuller에 의해 이루어졌다. 이들은 샌드위치 층처럼 포개진 두 개의 다른 조각의 실리콘 위에 햇빛을 비추었다. 샌드위치형으로 실리콘이 배열됨에 따라 회로가 형성되고 전자들이 통과하기 쉬운 구조이므로 전류가 흐르게 된다. 이런 전기는 전구, 전동기 또는 만약 실리콘 샌드위치들이 충분히 모이면 마을에까지도, 전력을 공급하는데 이용된다. 예를 들면, 구름이 없이 맑은 날씨 하에 1제곱 평방미터의 실리콘 샌드위치가 100와트(한 집에 필요한 전기 전력의 약 20분의 1정도)의 전력을 생산할 수 있다. 태양으로부터 전기를 생산하는 것은 매우 중요하며 미래의 에너지원이 될 수 있다.

왜 태양에너지를 반대해 왔을까?

많은 세월 동안 태양에너지는 지구에 도달할 때 너무 퍼져있거나 너무 희박한 양이 도달하기 때문에 사용하기엔 실용적이지 못하다는 인식이 있었다. 사람들이 반대하는 또 다른 이유로는 비싼 자본금 때문이다. 특별히 디자인된 실리콘 샌드위치는 태양전지 셀의 형태이며 과거에는 태양전지를 손으로 직접 만들었다. 각각의 샌드위치 층들은 실리콘 크리스탈을 하나씩 쌓아 층이 되도록 만들어야 한다. 큰 규모로 실리콘 샌드위치를 만드는 것은 너무너무 비싸므로 많은 사람들은 태양전지에서 생산되는 전기 또한 매우 비쌀 것이라고 생각했다.

하지만 태양전지의 새로운 발견은 상황을 뒤바꿨다. 지금은 차례로 크리스탈을 성장시키는 고통스러운 과정 없이 태양전지를 만드는 새로운 방법이 있다. 아머퍼스 실리콘(배열이 없는 크리스탈 구조로 된 실리콘)이라고 불리는 새로운 물질로 만들면, 비싼 단위 크리스탈만큼 비싸지 않더라도 실리콘 샌드위치 셀로부터 전기를 많이 생산할 수 있다. 이런 아머퍼스 실리콘의 발명은 태양 에너지가 지배적인 사회로 나아갈 수 있는 혁신적인 변화를 줬다.

다른 고려 사항으로는 앞으로 태양농장을 위한 땅의 양이다. 태양농장은 우리가 많은 지붕에서 보는 것과 같이 태양전지판이 땅에 배열되어 있다. 지붕에 있는 것과의 차이는 이 배열이 몇 마일로 배열되어 있다는 것이다. 태양농장에 반하는 일상적인 논쟁은 농사를 하는데 사용할 수 있는 땅이 태양전지판으로 덮어져 식량을 생산하기 불가능하다는 점이다. 50 만명 정도 되는 사람들이 사는 도시를 운영하기 위하여 충분한 빛을 모으는데 필요한 면적은 약 60평방 마일(155km^2)로 아주 넓다. 하지만 이 땅은 농사하기 좋은 땅이 아니라 건조한 사막일 수 있다.

예를 들어, 만약 지구 전체에서 모을 수 있는 에너지를 사막에서 얻을 수 있다면(물론 주택 소유자들이 태양전지를 지금과 같이 가지고 있기 때문에 이런 일이 발생할 일

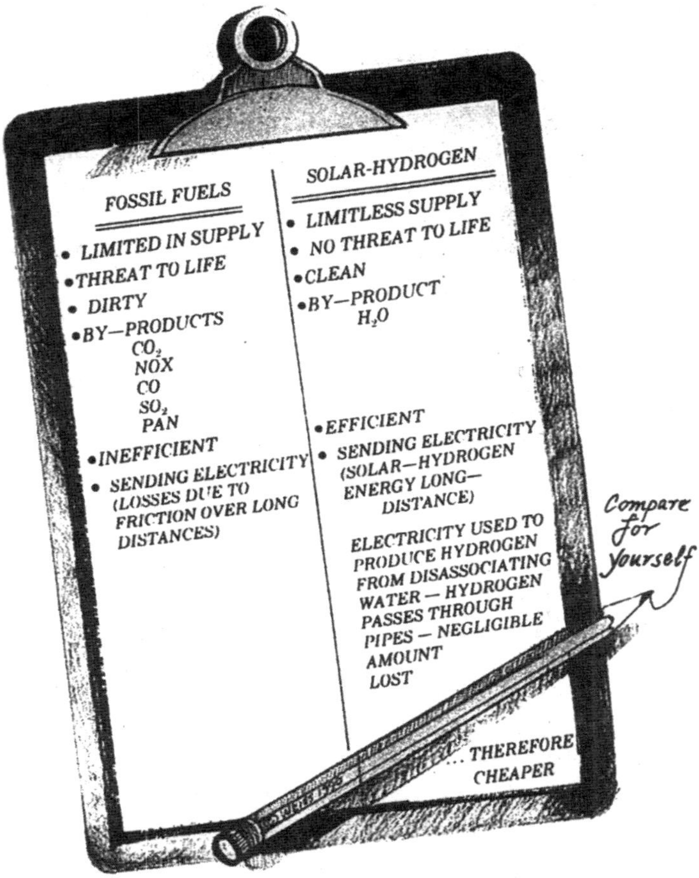

이 없음), 소량의 사막의 땅(지구에 있는 사막의 약 10%)이 필요할 것이다. 그래서 세상의 많은 태양에너지는 어떤 목적으로든지 사용할 수 없는 곳에서 유용하게 얻을 수 있다.

환경 보호론자들은 많은 종류의 동식물의 중요한 서식처인 사막의 환경이 위협을 받는다는 우려의 목소리를 낼지 모른다. 명백히 사막 환경의 방해요인들은 태양전지가 설치된다면 발생할 수밖에 없지만 이러한 점들은 장기간의 방해요인이나 피해가 될 수 없을 것이다.

어떻게 태양에너지를 모을 수 있을 것인가

우리들은 지상으로부터 약 10~20 피트 위에서 작동하는 일광 반사장치들을 예상한다. 약 20 평방피트 정도 되는 대형거울들은 하늘의 태양이 비추는 곳을 향해 있을 것이다. 태양 빛은 거울들로 인해 반사가 되어 태양전지를 향하게 될 것이다. 사막에서의 이런 시설들이 있음으로 해서 발생하는 그림자는 태양의 영향에서 벗어남에 따라 사막표면의 온도 10℃(화씨 50도)를 급격히 낮춰주는 그림자 역할을 하게 될 것이다. 이런 온도변화는 곤충들의 개체 수에 영향을 주게 될 것이다. 하지만 사막 동물들은 낮과 밤 시간의 큰 온도차를 적응하게 되어있다. 또한 거울은 사이마다 유지관리 차량들이 다닐 수 있는 공간만큼 필요하기 때문에 전체 태양농장을 그림자로 가리지는 않을 것이다.

저녁을 환하게 만들기

태양에너지에 관하여 크나큰 잘못된 인식은 사람들이 어

떻게 저녁에 활용할 수 있을 것인지 확실히 알지 못한다는 것이다. 태양으로부터 온 에너지로 저녁에 도시들을 비춘다는 것은 얼핏 듣기에 처음에는 황당한 것처럼 들리지만, 머나먼 사막으로부터 모은 에너지를 감안한다면 태양에너지를 사막으로부터 수천 마일 떨어진 사람들이 많이 사는 곳까지 전달하는 것은 중요하다. 전기를 통한 케이블로의 장거리 운송은 전기선의 저항으로 인한 많은 손실로 인해 효율이 낮다.

이러한 문제점을 해결하기 위해서 태양에너지를 파이프로 보내거나 저장탱크로 운반할 수 있는 어떤 종류의 에너지 저장으로 바꾸어야 하고, 가장 간단한 방법은 태양발전 전기를 이용해서 물을 수소와 산소로 분해하는 전기분해장치가 있다. 수소는 고압으로 압축하여 파이프를 통해서 운송될 수 있다. 사람들이 사는 곳에 수소가 도달하게 된다면 연료로 바로 사용되거나 역 전기분해장치인 연료전지를 통해서 수소를 다시 전기로 만들어 낼 수 있을 것이다.(연료전지는 나사 우주 미션에서 우주인들을 위한 전기와 물을 생산하는 데에 성공적으로 이용되어져 왔다. 일본에서는 도쿄시의 전기 일부를 생산하는 데에 1984년부터 이용되고 있다.)

물에서부터 수소를 생산하는데 필요한 태양전지 제작을

위하여 발생한 혁신적인 기술로 인하여, 프린스톤 대학의 오그덴과 윌리엄 교수는, 만약 우리가 기술을 충분히 개발하려는 의지를 가지고 있다면, 다음 세기가 아닌 이 세기말에 경제적으로 경쟁력이 있는 수소가 (비정질 실리콘으로부터 만든 태양전지 패널을 사용하여) 생산될 수 있다는 것을 제시하였다.

절대적으로 무공해

여기에서 제안하는 태양에너지 계획은 때때로 태양 수소에너지 시스템이라고 부르기도 한다. 간단히 말해, 태양에너지는 전기로 변환된다. 먼 거리에 걸쳐 전기를 얻으려면, 또한 저녁에 사용하기 위해서 전기는 물을 분해하여 수소를 생산하는 데에 이용된다. (단 사업장, 공장 또는 집에서 바로 필요하지 않는 전기만 이 프로세스에 이용된다.) 요즘 보내지는 천연가스와 같이, 수소는 파이프라인을 통해서 시나 마을에 보내진다.

이 시스템의 장점은 잉여전기(당장 사용되지 않는 전기)로 수소를 생산하는 데에 쓸 수 있다는 것이다. 이것은 낭비가 아니다. 게다가, 잉여전기를 전선과 케이블을 통하여 보내는 것보다 수소를 파이프라인을 통하여 보내는 것이

보다 싸고 효율적이다. 끝으로, 가장 큰 장점으로 수소와 태양에너지는 오염물질을 발생시키지 않는다. 수소가 열과 에너지를 공급하기 위하여 사용될 때 물이 부산물이다. 이러한 시스템들은 지구 온난화가 두려운 이산화탄소, 산성비를 일으키는 유황, 스모그를 일으키는 해로운 오염물질을 배출하지 않는다. 태양에너지는 수십 억 년 동안 우리 주위에 있을 것이다. 이것은 우리가 생각하기에는 영원한 것이다. 그리고 물로부터 수소를 얻어낼 것이고, 이로부터 얻은 수소의 연소 생성물이 물이기 때문에 고갈될 위험도 없다. 따라서 태양 수소 에너지는 깨끗하고 재생 가능한 시스템이다.

지구상에 있는 많은 자연적인 과정은 자가 유지방식이다. 예를 들면, 동물들이나 인간들의 순환시스템, 동물, 인간과 식물들의 호흡시스템, 먹이사슬, 그리고 지구의 물 순환 사이클 등이다. 우리들이 사용하는 에너지 또한 재생시스템으로 가야한다는 것이 타당하지 않는가?

11. 태양-수소 결합

태양에너지의 장점들

이번 장에서는 이전 장에서 언급했던 에너지시스템에 대해 조금 더 상세하게 살펴볼 것이다.

지구상에서 태양에너지(햇빛)가 없다면 생명체가 없었을 것이다. 우리의 삶이 전기, 석유 그리고 휘발유가 없었더라면 편리하거나 편안하지 않았을 것이다. 하지만 이들이 없더라도 우리들은 살았을 것이다. 하지만 태양이 없다면 모든 동식물들은 죽거나 지구상의 생명체는 멸종했을 것이다.

우리 생명의 원동력인 태양이 전기를 생산하는데 이용된다면, 이것은 깨끗하고 안전한 에너지 형태이다. 게다가, 태양에너지는 거의 영구적이다. 여기서 말한 '거의' 라는 이유는 태양이 빛과 에너지를 지구뿐만 아니라 태양계에 있는 모든 행성에게 줄 때, 태양은 자기 자신을 천천히 태우기 때문이다. 하지만 걱정하지 않아도 된다. 과학자들은 태양이 다할 때까지는 수십억 년이 흘러야 한다는 것을 예측하였다.

직·간접적인 태양에너지

태양에너지는 태양으로부터 오는 태양빛만을 뜻하는 것은 아니다. 태양이 간접적으로 생산하는 에너지도 포함되어 있다. 예를 들어, 낮 시간에 땅이 바다보다 빨리 데워질 때 지표면위에 있는 공기는 데워지고 가벼워지게 됨에 따라 위로 상승하게 된다. 해수면 위에 있는 더 차가운 공기는 지표면에서 데워져서 올라간 공기를 대체할 것이고 기류 또는 바람의 원인이 된다. 밤에는 이런 과정이 반대로 된다. 땅이 바다보다 빨리 식고, 지표면 위에 있는 공기는 바다로 움직이게 됨에 따라 바람은 반대로 불게 된다. 수백 년 전에 이런 기류 또는 바람을 이용하여 풍차를 돌려서 물을 끌어 올리든가, 밀을 빻거나 다른 여러 가지 일을 할 수 있다는 점을 알았다. 오늘에 와서는 풍차를 대신하는 게 풍력기계이지만 같은 원리를 바탕으로 하고 있다. 대부분 풍력기계는 전기를 생산하는데 이용되지만, 몇몇은 아직도 제3세계 국가에서 물을 끌어 올리거나 곡물들을 빻는데 사용된다.

간접적인 태양에너지의 다른 예로는 수력-전기 동력이다. 태양에너지는 바다나 강, 호수 등에서 물을 증발시켜서 구름을 만든다. 바람은 이 구름을 육지로 운반한다. 구름이 육지의 물체 위로 움직이거나 산을 만나게 되면 구름은 더 올라가게 된다. 그러면 구름이 차가워지고 수증기는 응축하여 비, 눈, 진눈깨비 또는 이슬로 떨어지게 된다. 강수량의 일부는 결과적으로 개울이나 강을 형성하게 됨으로써 호수나 바다로 흘러가게 되고 일부는 땅 밑으로 스며들어 지하수로 흐르게 된다.

과거에는 빠르게 흐르는 개울이나 강이 있으면 사람들은 일부를 물레방아를 돌려서 에너지로 활용하였다. 근래에는 많은 양의 물을 모을 수 있도록 큰 댐을 만든다. 이는 거대한 터빈을 통해서 전기를 생산할 수 있도록 연결된다.

이제까지 언급했던 형태와 다른 형태인 간접적인 태양에너지들, 즉 해수열에너지, 해류나 파도가 있다. 처음 두 개는 바닷물의 온도차로 발생하는 것인 반면 파도는 바람으로 인해 발생한다. 조류 또한 태양계의 일부인 달의 중력으로 발생하므로 간접적인 태양에너지로 간주할 수 있다.

간접적인 태양에너지는 환경적으로 맞는 대책이다. 하지만 다양한 동생물종이나 사람에게까지 위험을 끼치지 않은 위치에 댐을 설치하도록 주의해야 한다.

태양에너지의 결점

아무리 직간접적인 형태의 태양에너지가 환경적인 측면에서 적합할지라도 결점들이 있다. 태양에너지는 석유나 천연가스처럼 이용하기 편리하지 않다. 예를 들면, 큰 비행기를 풍력에너지로 움직일 수 없는 것과 같다. 그리고 태양전지판을 이용한 작은 차가 실제로 있지만 이런 차들은 시골과 같은 넓게 트인 공간에서 밝은 낮에만 사용가능하다. 또한 태양에너지를 차에 저장할 수 없다.

온대지방에서는 하루 24시간 중에서 평균 6~7시간 정도 해가 비춘다. 열대지방에서는 태양이 비추는 시간이 7~8시간으로 약간 더 늘어난다. 온대지방에서 더 북쪽이나 남쪽으로 갈수록, 낮 시간은 여름에는 더 길어지고 저녁에는 더 짧아지게 되지만, 태양빛이 공기층을 더 많이 지나감에 따라 태양의 광도는 더 약해지게 된다. 예를 들면, 극지방에서는 낮 시간이 6개월로 길지만 태양빛은 미국 중서부지역이나 중부 유럽보다 약하거나 적도지역에 있는 것보다 약하다.

태양에너지는 이미 알아봤듯이 다른 결점 또한 있다.

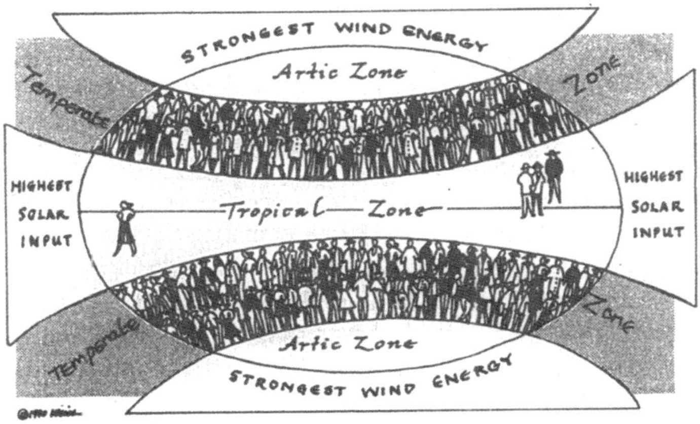

Direct and indirect forms of solar energy are, in general, not available near the consumption centres.

일반적으로 직간접적인 형태로 소비의 중심지에서는 이용할 수 없다. 온대지방에서 대부분의 에너지가 소비되지만 태양에너지는 열대와 아열대 지방에서 가장 강하다. 바람에너지는 북극지방이나 북극지역에 접한 곳에서 가장 강하지만 온대지방에서 이용하기 어렵다. 수력이나 해양 열(해수온도차), 파도, 해류, 조수간만 에너지들도 이와 같다. 일반적으로 에너지들은 대부분 우리들이 가장 필요로 하는 곳과 거리가 먼 곳에 있다.

중간 매개체의 필요성

간단히 이야기하면 직간접적인 형태의 태양에너지가 이

용될 수 없는 특정한 시간과 장소가 있고, 더군다나 이용될 수 있다 하더라도 이런 에너지는 공장, 집 그리고 이동수단에 사용할 수 없는 형태이다. 그러므로 어떻게 해서든 태양, 바람, 파도, 바다, 열, 조수간만이나 조류 에너지를 이들이 이용 가능할 때와 형태로 저장해야 한다. 바꿔 말하면, 직간접적인 태양에너지와 소비자 사이에 중간 매개체(또는 중개자) 역할을 하는 에너지 저장이 필요하다.

중간 매개체는 다음과 같은 조건들을 만족해야 한다.

- 저장 가능해야 한다.
- 운송 가능해야 한다.
- 기업, 가정 그리고 운송수단의 연료이어야 한다.
- 깨끗해야 한다.
- 고갈되지 않는 것이어야 한다.

이러한 필요사항을 모두 만족하기 위해서 수소가 가장 좋다. 수소는 질소산화물을 제외한 온실효과나 스모그 또는 산성비를 일으키는 화합물을 만들어 내지 않고, 이러한 화합물들은 제어될 수 있다. 사실, 전기화학반응을 하는 연료전지를 이용하면 질소산화물은 완벽히 없앨 수 있다. 연료전지는 전기와 수증기만 생산하게 된다. 따라서 수소는 제일 깨끗한 연료이다.

또한 수소는 효율적인 연료이다. 수소는 어느 연료보다 더 효율적으로 다른 에너지형태(기계적으로나 전기적인 형태)로 변환이 가능하다. 차를 예로 들면, 수소는 60퍼센트의 효율을 가지는 반면 석유는 겨우 25퍼센트의 효율을 가지고 있다. 다른 말로는 수소는 2.5배 정도 석유보다 더 효율이 높다. 초음속 제트기들에서 수소는 제트연료보다 효율이 38퍼센트 더 높다. 이런 효율 향상은 연료를 더 적게 낭비한다는 것과 더 좋은 연료마일리지를 가진다는 것을 의미한다.

수소의 성분들

수소는 가장 가볍고 자연 상태에서 가장 많이 존재하며, 우주에서 모든 물질의 약 80%를 구성하고 있다. 여러 화석연료에 존재하고 화석연료를 정제해도 존재하게 된다. 그리고 가장 큰 에너지원인 태양에 존재한다. 태양은 거의 100퍼센트 순수 수소이고 에너지는 수소원자들의 핵융합으로부터 얻어진다. 목성 또한 거의 100퍼센트 수소이며, 지표면에는 액체로 되어있고, 다음에 얼게 되며, 중심부에는 금속성 수소가 된다(금속성 수소는 높은 온도와 압력으로 인해 만들어진 고체이다).

지구상에서 수소는 단일원소로 거의 존재하지 않는다. 대부분은 산소와 결합하여 물로 되어있다. 물에 있는 3개의 원자 중 2개의 원자는 수소이다. 그러므로 바다나 호수 그리고 강은 수소 '광산mines'이다. 에너지 운반체로 수소를 이용하려면 수소가 많은 물질인 물로부터 얻어내야 할 것이다 (수소를 연료로 사용하면 다시 물로 돌아간다는 것을 기억해야 한다).

태양 수소 에너지 시스템

수소는 태양에너지의 결점을 잘 보완하여주고, 이런 태양과 수소의 결합을 태양 수소 에너지 시스템이라고 한다.

이 시스템에서 수소는 직간접적 형태의 태양에너지를 이용하여 수소를 생산하는 몇몇 방식 중 가장 편리한 방법으로 생산하게 된다. 수소가 생산된 이후에는 파이프라인이나 수퍼 탱커를 이용하여 전기가 생산되어야 하는 곳이나 열, 요리나 운송수단과 같이 연료를 직접적으로 사용되는 곳에 공급되게 된다.

태양에너지와 수소는 서로 동시에 적용된다. 둘 다 환경적으로 무해하다. 공해, 산성비나 온실가스를 생산하지 않

Solar hydrogen energy system

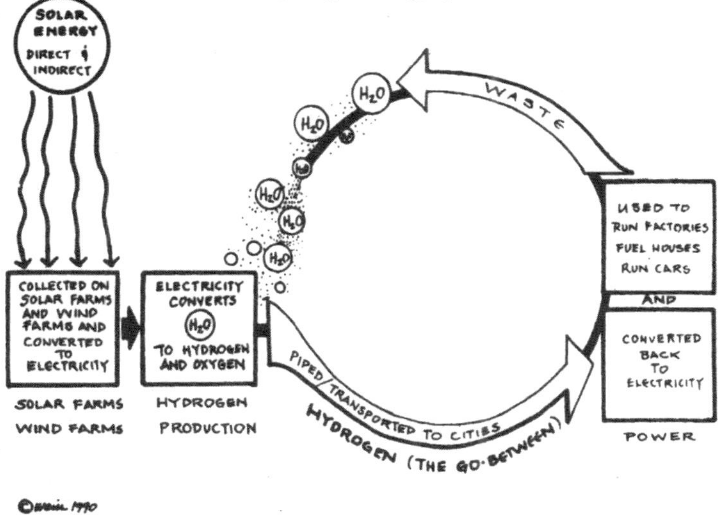

는다. 수소는 매우 효율적인 연료이며, 따라서 낭비되어 없어지는 에너지가 적다.

결론

풍부하고 깨끗하고 재생 가능한 형태의 에너지를 사용하는 것이 바람직하다. 태양과 수소는 태초부터 서로 상호작용하여왔고 상상 이외로 오랜 기간 동안 에너지를 생산할 것이다. 우리들의 건강한 삶을 위해서는 태양 수소를 이용하는 게 바람직하다.

12.

산업 연료

태양에너지가 수소와 같이할 때, 화석연료가 할 수 있는 모든 것을 할 수 있으며 더 잘 한다. 이것은 운송시스템, 냉난방, 요리나 조명을 위하여 낮뿐만 아니라 밤, 그리고 하늘이 흐릴 때 에너지를 공급해줄 수 있다. 교외 지역과 마찬가지로 도시나 공업 지역의 사람들에게 에너지를 공급할 수 있다. 사회에서 매일 필수 요건으로 다양하게 적용할 수 있는 매우 유연한 시스템이다. 그리고 이러한 모든 것을 화석연료보다 더욱 깨끗하고 효율적으로 할 수 있다.

산업 연료

산업혁명 이후, 노동력은 기계로 대체되기 시작했다. 그 결과 상품들의 가격은 낮아지고 더 많은 사람들은 더 많은 상품들을 살 수가 있었다. 풍요로운 사회로 진행되었다. 산업혁명이후 2세기 후에는 인구증가에 따라 커져가는 수요에 맞추어 공장들은 점차 커지고 더 많아졌으며, 이런 성장에 따라 에너지 소비는 크게 증가하였다.

현재 산업은 화석연료로 운영되지만 수소를 위한 기반시설이 준비된다면(예를 들면, 탱커 트럭들이나 파이프라인), 산업이 태양 수소 에너지 시스템으로 운영되게 될 것이다. 그리고 많은 환경적인 이익을 낼 수 있을 것이다. 예를 들면, 적은 공해와 연료 효율 향상이 있겠다.

항상 변화가 필요할 때 첫 도약이 가장 어렵지만, 우리가 자연을 보존하려면 산업을 바꿔야 한다는 것을 안다. 그러나 우리들은 가능한 한 고통 없이 변화시킬 수 있다. 몇 가지 사항을 고려해야 하지만, 그것에 앞서 태양에너지가 산업연료로 될 수 있는가를 결정하고, 다른 응용 방법 또한 알아봐야 한다.

태양 수소 생산

앞서 읽은 것과 같이, 태양에너지는 환경 친화적이지만 단지 간헐적으로 이용 가능하다. 일반적으로 평균 하루의 3분의 1정도 이용 가능하고, 태양빛의 강도는 이른 아침과

이른 저녁에 약한 빛으로부터 오후에 강한 빛까지 변한다. 따라서 태양에너지가 가장 정점에 이를 때 저장해야 하고 나중에 그렇지 않을 때 사용해야 한다.

태양에너지를 이용해서 수소는 4가지 다른 방법으로 깨끗하게 생산될 수 있다. 이들은 직접적인 열, 열화학, 전기분해 그리고 광분해 방법이다.

직접적인 열

직접적인 열 방법으로는 물을 증기가 될 때까지 가열한 후에 증기를 1,400℃(화씨 2,500도) 또는 그 이상의 온도로 과열증기를 만들면, 증기분자(초고온 물)가 수소기체와 산소기체로 분해되기 시작하는 단계가 된다. 온도가 그 이상으로 증가할 때, 증기분자가 분해되는 율은 증가하게 된다. 증기 압력을 낮게 함으로써 같은 현상을 얻을 수 있다. 바꿔 말하면 높은 온도와 낮은 압력이 직접적인 열 방법으로 수소를 생산하기에 가장 좋은 방법이다.

산업에서 사용하기에 충분한 수소를 만들기 위해서, 2,500~3,000℃(화씨 4,500~6,400도) 까지 온도를 올려야 하고, 이런 고온의 온도에 도달하기에 가장 깨끗한 방법은 태양을 이용하여 열을 생산하는 방법이다. 그러나 충분히 강한 열을 어떻게 얻을 것인가? 태양빛은 그만한 온도로 지구에 도달하지 않는다.

답은 거울을 이용하는 방법이다. 거울로 태양빛을 모아서 작은 면적에 집중시키는 방법인데, 이는 돋보기로 태양에너지를 이용하여 종이를 태우는 방법과 비슷하다. 대형의 집중형(포물선형) 거울들은 물이 들어있는 용기에 태양에너지를 집중시키는 데에 쓰일 수 있다. 이러한 시스템은 매우 높은 온도의 증기를 공해 없이 만들어내기 때문에 태양 용광로라고 불린다.

하지만 직접적인 열 방식으로는 두 가지의 단점이 있다. 물을 담아놓은 용기는 물을 분해시키기 위한 높은 온도에서 견디지 못할 것이다. 그러므로 용기를 식히는 효율적인 방법이 필요하다. 두 번째 문제는, 높은 온도에서 수소와 산소가 분리되어야 하고 분해된 상태로 남아 있어야 한다. 왜냐하면 수소와 산소의 혼합기가 온도가 낮아지면 다시 재결합을 통해서 물로 되기 때문이다. 오델리에 있는 프랑스 국립 태양에너지 연구소에서 직접적인 열 방법으로 물로부터 수소를 생산하는 방법과 특히, 두 기체를 분리하는 효율적이고 경제적인 방법에 대한 연구를 하고 있다.

열화학

그러나 증기를 분해하기 위하여 꼭 높은 온도인 2,500~3,000℃(화씨5,000~6,000도)일 필요는 없다. 만약 조금 더 온도가 낮은 300~1,000℃(화씨 600~2,000도)의 증기가 가루상태의 철을 지나가게 된다면, 철은 산소를 흡수해서 산화철, 즉 녹이 슬게 되고 수소를 남기게 된다. 녹슨 철은 가열하면 산소를 잃게 되고 녹슬기 전 상태인 가루상태의 철로 다시 된다. 이러한 것을 반복함으로써 많은 양의 가루상태 철로 수소가스를 얻을 수 있다. 이것은 열화학방법 중 한 예이다. 다른 금속들이나 화학성분들은 가격이 싼 과정을 찾기 위해 현재 연구 중이다.

전기분해 방법

수소를 생산하는 이 기술은 현재 이미 존재한다. 이런 방법은 차속에 들어있는 배터리의 셀과 비슷한 셀들로 물에서부터 수소와 산소를 생산한다. 각각의 셀은 물과 전기전도가 잘되는 몇몇 화학성분들이 섞인 전해질에 담겨있는 두 개의 전극으로 이루어졌으며, 이는 직류 전기장치에 연결되어 있다. 전류가 두 전극 사이에서 흐를 수 있도록 충분한 전기가 공급되면, 산소는 한쪽 끝(양극)에서 생산되고 수소는 다른 끝(음극)에서 생산된다. 열로써 증기를 분해하는 대신에 전기로 물을 분해할 수 있다.

명심해야 할 것은, 태양을 이용하여 직접적인 열 또는 열화학 방법으로 증기를 만들거나, 또는 전기분해법으로 수소를 생산하기 위하여 전기를 생산할 때, 태양을 이용할 수 있는 시간이 제한되어 있다는 점이다. 수소 생산을 위한 이런 방법들을 이용하기 위해서, 가장 효율적이고 깨끗한 방법으로 태양에너지를 저장하여 24시간 동안 에너지를 생산할 수 있도록 하는 연구가 진행 중이다.

광분해 방법

마지막 방법은 고온이나 전기가 필요 없이 물에서 수소와 산소를 분리하는데 태양 에너지를 바로 이용하는 것이다.

물은 태양빛의 작은 빛 입자 즉, 광자를 흡수한다. 그 이후, 물이 광자를 충분히 흡수하게 되면 수소와 산소로 분해된다. 이러한 현상을 광분해라고 한다.

햇빛의 자외선 부분에 있는 광자들은 물의 직접 광분해 작용에 필요한 높은 에너지를 가지고 있다. 하지만 대부분의 자외선은 대기권 상층부에 있는 오존층(얇은 층임에도 불구하고)에 흡수된다. 결과적으로 적은 자외선이 지표에 도달하게 된다. 이런 점은 어떤 면에서 장점이라고 볼 수 있다. 그 이유는 만약 많은 양의 자외선이 지구표면에 도달하게 된다면 살아있는 생명체에 위협이 될 수 있기 때문이다. 그러므로 산업에서 사용할 충분한 수소를 생산하기 위한 광분해를 위하여 태양빛을 높이던가 물의 분해 능력을 향상시키는 것이 필요하다. 태양빛을 더 강하게 만드는 것은 몸에 안 좋기 때문에 물에 특별한 금속이나 미네랄을 넣어서 물 자체보다 태양빛의 광자들을 조금 더 많이 흡수하여 분해 할 수 있도록 도와줘야 한다.

광분해방법으로 수소를 생산하는 것은 매우 효율적이지 못하지만 다른 어떤 방법보다도 가격적인 측면에서 저렴하다. 그 이유는 에너지를 필요로 하는 기계적인 부속품이나 장치들이 없기 때문이다.

저장

수소를 생산하는 깨끗한 방법들을 소개했지만, 어떻게 산업에서 필요로 할 때 이용할 수 있도록 저장할 수 있을까? 스케일이 큰 저장방법으로 태양수소를 지하에 저장하는 것이 적합하다. 이것은 가장 저렴한 방법이다. 예를 들어, 석유나 천연가스를 다 써버리고 남은 저장 공간들을 이용하는 방법이 있고, 이런 공간을 모두 사용하면, 지하의 활동과 광산을 위한 사람들이 만든 동굴을 이용하는 방법이 있다. 이런 저장시스템은 작은 규모로 프랑스나 영국에서 이미 사용하고 있다.

배급

이제는 이렇게 저장된 수소를 산업현장으로 운반해야 한다. 작은 규모로 수소는 탱크 트럭으로 운반되어 배급될 수 있지만, 많은 양의 에너지를 필요로 하는 산업을 위해서, 파이프라인이 많은 양의 수소를 운반하고 배급하는데 가장 경제적인 방법이다.

사실상 미국이나 유럽 일부 지역에서 수소 파이프라인이 이미 활용되고 있다. 그리고 이러한 파이프라인의 결과로 수소배급의 안전한 운영에 풍부한 경험들이 축적되어 있다. 이런 경험은 중요하다. 그 이유는 만약 에너지가 3,200km (2,000miles)이상이나 먼 곳으로 전달되기 위해서는 전기로 변환해서 전기선을 통해서 운반하는 것보다 수소를 파이프라인으로 운반하는 방법이 훨씬 저렴하기 때문이다. 전기를 전기선을 통해서 보내지게 된다면 중간에 소모되거나 낭비가 될 것이다. 반면에 수소는 필요로 할 때까지 파이프에 남아있게 된다. 이것은 매우 큰 장점이다.

또 다른 수소의 장점은 전기선과 같은 땅이 필요 없다는 점이다. 예를 들어, 산업 단지에서 고전압 전선을 통해서 전기를 받는 것을 생각해보자. 변전소에서 산업단지까지의 전선은 100미터(300피트), 더 긴 우선통행로 또는 수 km까지 확장시켜 사용하고, 그리고 곳곳에 자연경관을 훼손하는 타워들, 철탑이나 케이블들이 있을지 모른다. 하지만 같은 산업단지에 필요한 모든 에너지를 수소로 공급할 수 있다. 예를 들면, 전기로는 산업단지에서 연료전지를 이용하여 수소를 전기로 변환할 수 있다. 기계적으로는 운송차량에 수소가스를 이용할 수 있다. 그리고 열은 수소가스 히터를 이용하여 빌딩을 난방 할 수 있다. 이 모든 수소는 단 하나의 지하 파이프로 공급할 수 있다.

산소는 어떻게 되는가?

수소에너지 시스템에서 수소뿐만 아니라 산소도 물에서 부산물로 만들어질 것이다. 만들어진 산소는 용기에 보관되거나 산소를 필요로 하는 산업에 파이프라인을 통해 공급될 수 있다. 또는 대기 중으로 보낼 수도 있을 것이다.

수소를 연소시킬 때 공기 중에 있는 산소나 보관되어있는 산소를 필요로 한다. 그러므로 수소가 전부 재활용되는 것처럼 그리고 지구의 수소 양은 수소에너지 시스템에서 더해지거나 줄어들거나 하지 않는 것처럼, 산소 또한 완전히 재활용되어 양이 늘거나 줄거나 하지 않을 것이다.

몇몇 응용기기에서는(예를 들어, 지상 운송수단이나 공중에의 운송수단) 필요한 산소는 공기 중으로부터 얻고, 그와 같은 양의 산소는 물로부터 수소와 산소가 분리될 때 나와서 다시 공기 중으로 내보내게 된다. 또 다른 응용기기에서는(예를 들어, 로켓이나 우주선) 우주에 산소가 없기 때문에 산소와 수소는 액체 상태로 분리된 용기에 담겨져 싣고 있다. 또한 큰 연료전지 발전소에서는 순수한 산소가 파이프라인을 통해 공급될 것이다. 이는 공기 중으로부터 산소를 얻어서 발전하는 연료전지 발전소보다 효율이 증대될 것이다.

물론, 태양빛에서의 산소분자들은 특히, 자외선 빛에서, 원자상태로 분리되었다가 다른 분자와 결합하여 새로운 분자를 형성하거나, 다른 산소분자와 결합하여 오존을 만들어내기도 한다. 그러나 이런 과정은 공기 중에서 21퍼센트의 산소가 있을 때 계속 진행되고 상대적으로 적다. 수소에너지 시스템에서 이 퍼센트의 변함은 거의 없을 것이다. 공기 중에서 산소 양은 매우 작은 증가와 감소가 있을 것이나 평균 약 21퍼센트를 유지할 것이다.

산업 활용

태양 수소 그리고 태양(직간접적으로) 전기를 생산하거나 태양 수소 전기를 생산했을 때 산업에서 필요한 에너지는 충족할 수 있게 된다. 화석연료나 핵발전 전기를 이용하는 산업, 그리고 오늘날 천연가스나 석유연료를 이용하는 산업은 환경을 오염시키지 않고 그들의 공장을 계속 운영하도록 태양전기나 태양수소를 사용할 수 있다.

THE CHANGE TO SOLAR-HYDROGEN ENERGY SYSTEM
...WOULD THAT FIRST STEP *REALLY* BE SO HARD?

Small industrial complex receiving electricity by high-voltage power lines. (Notice the wide swathe of land around the power lines.)

Same small industrial complex supplied with hydrogen *to meet its energy needs. (Hydrogen supplied by* underground *pipeline.)*

13. 집을 위한 에너지

태양으로 만든 전력

이전 두 장을 통해서 직간접적인 태양에너지로 화석연료 대신에 전기 생산을 포함한 우리들이 필요한 모든 에너지를 생산할 수 있다는 점을 봤다. 전기의 일부는 전기분해장치라는 기계를 통해 물을 수소와 산소로 분해할 수 있고, 이때 만들어진 수소를 연료로 사용하거나 태양빛 또는 간접적인 형태의 태양에너지가 없을 때, 예를 들면 저녁에, 전기 생산을 위하여 사용할 수 있게 된다.

수소는 가스터빈, 증기터빈 그리고 연료전지 같은 3가지 다른 시스템을 사용하여 전기로 변환 가능하다. 오늘날 가스 터빈을 이용하여 기계적인 에너지를 생산하거나 전기적인 에너지를(발전기와 터빈이 같이 상호작용할 때) 생산한다. 어느 경우에나 천연가스가 사용되고 공기 중으로 이산화탄소와 다른 공해물질들을 방출한다. 하지만 천연가스 대신에 수소로 가스터빈을 돌린다면 같은 양의 에너지를 깨끗하고 효율적으로 생산할 수 있다.

우리들은 증기터빈을 통해 많은 기계적인 또는 전기적인 에너지를 얻는다. 하지만 요즘 사용하는 전기를 생산하기 위해 사용하는 증기터빈은 온실효과를 일으키는 공해물질인 석탄과 석유를 사용하거나 자체로 문제가 많은 원자력 연료를 쓴다(8장 참조). 증기는 순수 산소와 수소가 연소할 때보다 깨끗하게 만들어질 수 있다. 그러나 이는 약 3,000℃(화씨 5,500도)정도 될 정도로 매우 뜨겁거나, 일반 오븐에서 가장 뜨겁게 맞춘 것보다 10배에서 20배 정도 더 뜨겁다. 우주선이 이륙할 때 볼 수 있는 희미한 파랑색 화염은 산소와 수소를 연소시켜 생성한 그와 같이 높은 온도의 증기이다. 물론 모든 물질이 냉각하지 않으면 그 온도에서 오래 견딜 수 없을 것이다. 그래서 로켓 엔진은 -253℃(화씨 -423도)의 액체수소를 엔진노즐 주위로 순환시켜 냉각시켜야만 한다. 마찬가지로 전기를 생산하는 발전소에서도 고온의 증기에 물을 넣어 일정온도로 낮춘다.

수소를 전기로 변환하는 3번째 방법이 있는데 수소만의 고유특성을 이용하는 방법이다. 연료전지는 수소를 연료로

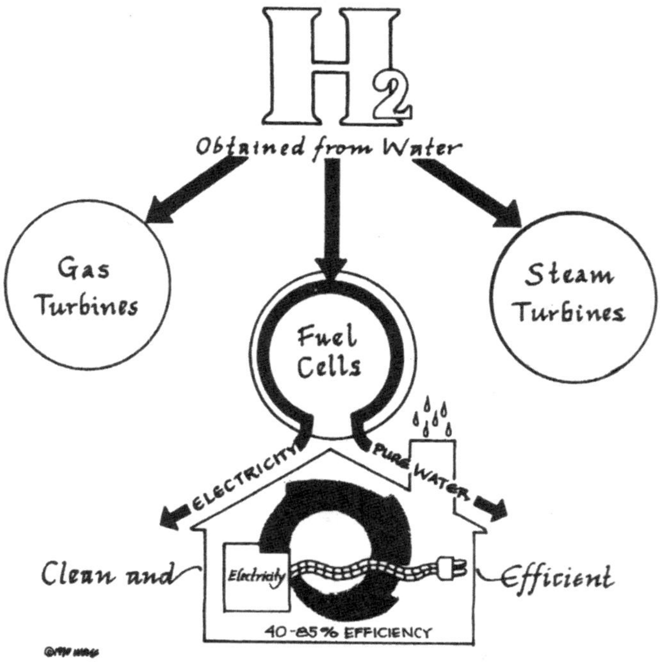

이용하여 공기 중에 있는 산소를 이용하여 전기를 생산하게 된다. 이 과정에서 유일한 부산물은 물뿐이고, 물은 애초에 수소의 원천이므로 전체 과정은 지속가능하고 깨끗하다.

연료전지로 만든 전기는 기업이나 가정에서 쓸 수 있지만, 현재의 전력시스템에서 전기를 사용하기 위해서 변환기가 필요하다. 연료전지는 다양한 사이즈가 있다. 가정용 에어컨 크기 정도의 작은 연료전지가 주택 또는 아파트에 필요한 모든 전기를 공급할 수 있을 것이다. 더 큰 것은 공장이나 상점 등에 공급할 수 있다. 연료전지의 종류에 따라 그 효율은 어디에서든 40~85퍼센트 정도 된다. 전기에 덧붙여서 말하면 연료전지는 열을 발생시키고 이 열은 물을 데우거나, 방을 데우거나, 건조시킬 때 사용할 수 있다.

일본에서 10,000명이 사는 한 마을에 전력을 충분히 공급할 수 있는 4.5MW 연료전지가 1984년 이래 성공적으로 운영되고 있다. 그리고 미국에서는 몇몇 40kW 연료전지들이 집이나 아파트에서 70퍼센트 이상의 효율로 테스트되고 있다. 앞으로 연구들은 조금 더 효율을 증가시킬 것이다.

연료전지의 다른 장점으로는 전기 송전 장치가 필요 없다는 것이다. 각각 집이나 빌딩 또는 발전소에서 연료전지를 통해서 자체적인 전기를 생산할 수 있다. 이는 자연경관을 훼손하는 원인인 무분별한 전기 철탑들이나 선들을 없애 줄 것이다.

수소는 연료전지의 가장 좋은 연료이다. 만약 수소를 화석연료나 메탄올과 같은 알코올 연료로부터 얻는다면 온실가스, 산성비 그리고 스모그를 일으키는 공해물질을 계속 생산하게 될 것이다. 그러나 물로부터 수소를 얻는다면 공해물질로부터 피할 수 있다. 언젠가는 모든 집, 공장, 상점, 사무실 등에서 자체적으로 연료전지를 사용하여 전력을 만들 것이나, 연료전지에 사용하는 수소가 가장 안전한 물질인 물로부터 얻어내지는 것을 확실히 해야 한다.

실질적인 적용

공간 난방 및 냉방

집, 사무실, 공장에서 우리들이 편안하게 일하고 지낼 수 있도록 일정한 온도를 유지하기 위해 난방이나 냉방이 필요하다. 태양 수소 시스템이면 이는 쉽게 해결할 수 있을 것이다. 한번 전기를 발생시키면 그 전기를 히트펌프나 전기 저항 히터를 통한 난방을 위하여, 일반적인 에어컨 시스템을 통한 냉방을 위하여, 그리고 역순환 사이클 에어컨을 통한 냉난방을 위하여 이용할 수 있다.

붙박이식 난방기는 촉매 연소라고 불리는 시스템을 이용하여 이미 만들어져 있다. 이 시스템은 수소의 고유 성질인 화염이 안 보이는 연소를 이용한다. 공기는 시스템 내부에 백금 가루로 덮인 다공성 세라믹의 촉매층 표면을 통해 흘러들어간다. 수소는 촉매층 뒤쪽까지 흡수되고 화염이 없는 연소를 통해 촉매층 안쪽에서 열을 발생하여 난방을 하게 된다. 촉매층이 있는 판은 방쪽을 바라보거나 벽에 걸려 있거나 벽 안쪽에 설치되어 있고, 좋은 모습으로 보이기 위

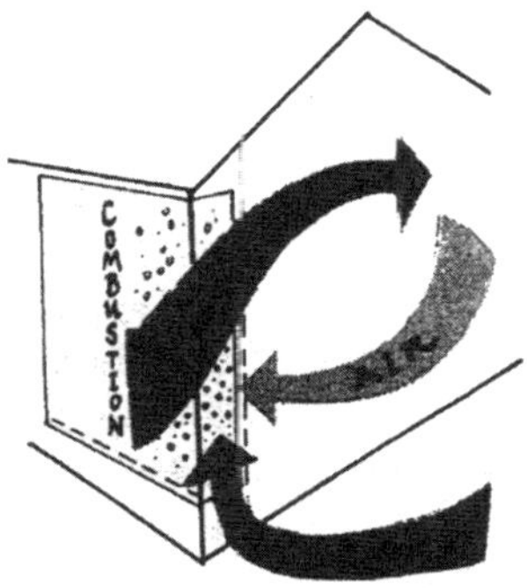

CATALYTIC COMBUSTOR
Close to 100% efficiency

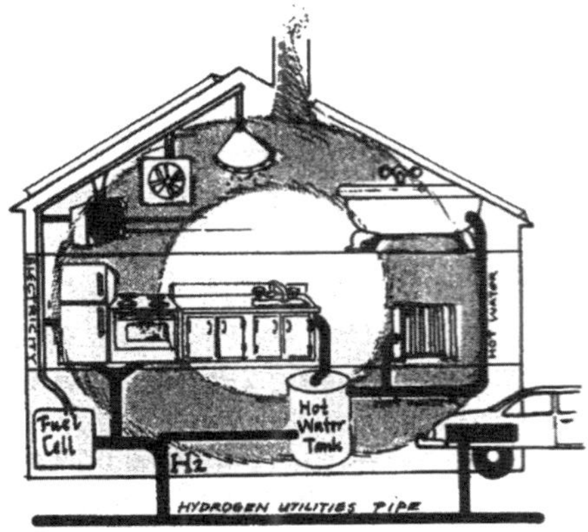

HYDROGEN HOME

해 패널을 이용하여 감춰놓을 수도 있다. 이런 방에 있는 히터들은 상대적으로 낮은 온도에서 작동하고 거의 100퍼센트가 될 정도로 매우 효율이 높다.

냉난방에 수소를 사용하는 다른 방법은 우주인들이 우주선에서 냉난방할 때 쓰는 수소화합물 히트펌프의 큰 형태이다. 수소화합물은 물을 흡수하는 스펀지와 같이 수소를 상호 교환하는 금속 또는 합금이다. 이런 수소화합 물질 또는 금속스펀지는 수소를 흡수하고 온도에 민감하며 온도가 따뜻해지면 수소를 방출하거나 '짜내거나 하고' 온도가 떨어지면 다시 흡수한다. 이들의 성질을 이용하여 미국이나 일본에서는 냉난방에 이용하고 가까운 미래에 시장에서 볼 수 있을 것이다. 이 시스템의 가장 중요한 장점은 현재 냉난방에서 쓰는 CFC를 사용하지 않아 오존층에 위협될만한 요소가 없다는 것이다.

요리

가장 기본적인 것들 중의 하나가 음식을 요리하는 것이다. 우리의 조상들로부터 오랫동안 내려온 방식이고 레인지나 스토브, 오븐이나 전자레인지를 포기할 수 없다. 그래서 깨끗하고 효율적인 에너지는 자라면서 익숙했던 생활의 기본적인 이런 기기들에 공급되기 위해서 필요하다. 태양(직간접적) 수소 시스템은 이를 제공하여 줄 수 있다.

가장 확실한 방법은 일반적인 가스제품들에 천연가스 대신 수소를 이용하는 방법이다. 수소 화염은 거의 투명하므로 약간의 탄화수소나 이물질을 첨가하여 화염의 색깔을 나타내는 것도 좋은 생각일 수 있다. 이는 안전을 위해서 필요한 것이다.

두 번째 방법으로는 전기를 이용하는 요리 기기들을 연료전지를 통해 태양 수소로부터 전기를 얻어 사용하는 방법이다.

세 번째 방법은 벽 히터에 사용될 수 있는 촉매 연소기를 이용하는 방법이다. 촉매 연소기의 가장 우수한 장점은 화염을 만들지 않고 열을 내며 낮은 온도에서 작동한다는 점이다. 촉매연소기는 안전하고 냄비, 팬이나 음식에 더 많은 열을 전달한다. 요리할 때 촉매 수소 연소기의 효율은 85퍼센트인 반면, 일반적인 가스버너에 수소를 사용할 때에는 70퍼센트 효율이다. 두 방법 모두 60퍼센트 효율밖에 가지고 있지 않은 천연가스 버너보다 낫다.

열대나 아열대 지방에서 직접적인 태양 복사에너지를 야외 바비큐나 요리할 때 이용할 수 있다. 시중에 요리용 냄비나 음식을 놓는 곳에 태양열을 집중시켜주는 태양 요리기기Solar cooker가 있다.

조명

조명은 집이나 빌딩에서뿐만 아니라 도로에서도 필요한 또 다른 중요 기본 요소이다.

낮 시간에 필요한 불빛이 특히, 열린 공간과 사방에 창문이 있는 1층짜리 주택에 태양에 의하여 공급된다. 태양빛은 사람들의 생활 속에서 가장 자연스러운 빛이고 태양의 복사에너지는 태초부터 지구의 생명체들에게 도움을 줬다.

그러나 고층 아파트나 사무실 빌딩일 때에는 많은 부분이 햇빛을 받지 못하거나 조금 받는다. 일본이 이러한 빌딩에 자연 태양광을 들어올 수 있도록 만든 선두 주자이다. 그들은 태양광 파이프를 설치하였다. 건물의 옥상이나 태양을 마주보는 면과 같이 태양빛이 이용 가능한 지점으로부터 시작하여, 내부표면을 반사면으로 코팅하고 구부러진 부분에 거울이 달린 파이프를 통하여, 태양빛을 내부 방이나 복도에 흘러 들어올 수 있게 만들었다. 이러한 특정한 시스템을 통해서 태양빛은 방안에서 일광욕을 할 수 있을 정도로 충분히 강한 빛이 들어온다. 하지만 일본 아이디어가 유행하지 않는다면, 태양 수소로 만들어진 전기가 전구를 이용하는 시스템에 공급되는 가장 편리한 에너지 매개체이다.

온수

집, 사무실, 공공장소 그리고 공장에서 우리는 온수가 필요하다. 열대, 아열대 그리고 온대 지방에서는 태양 온수시스템을 이용하여 태양빛으로 온수를 바로 만들어 쓸 수 있다. 태양 온수기는 태양에너지를 최초로 경제적으로 적용한 것이다. 태양 온수기는 지중해 국가들이나 미국 남부지방 및 태양지대sun belt 나라에서 매우 유명하다.

그러나 태양빛을 별로 얻지 못하는 지역에서는 천연가스 대신에 수소를 사용하는 일반적인 온수 히터가 온수를 얻는 쉬운 방법일 것이다. 천연가스 온수히터의 효율이 60퍼센트인 반면 수소 온수히터는 70퍼센트이고(효율이 높아질수록 더 많은 열을 얻고 손실이 적음), 촉매 연소기에서처럼 수소를 사용하면 거의 100퍼센트의 효율로 물을 데우는 방법이 있다.

물 공급

물론 인류 사회에서 가장 기본적으로 필요한 것은 물이다. 교외지역에서 물 수도가 없다면 지하 우물을 이용한다. 태양 수소 에너지는 몇 가지 방법을 이용하여 지하수를 퍼낼 수 있다. 그 중 한 가지는 일반적인 물 펌프에 태양 수소 전기를 사용하는 것인 반면, 전기를 얻을 수 없는 곳에서 수소를 이용하는 내연기관 엔진과 일반 물 펌프가 결합하는 것이다. 세 번째 방법으로 바람이 세다면 풍력으로 작동하는 펌프를 사용하거나, 네 번째는 지금 개발되고 있는 것으로 태양과 폐열을 이용한 수소화물 시스템을 설치하는 것이다.

냉동

옛날에는 음식 위로 바람이 불어서 차갑게 해주는 방충

망이 있는 식료품으로 저장하였다. 이후에 아이스 박스를 사용하게 되었다. 얼음을 파는 사람이 공장에서 만들거나 이전 겨울에 지하에 보관한 얼음을 팔고 있다. 근래에 식료품들을 신선하게 보관하기 위해서 냉장고를 이용한다.

만약 태양 수소를 이용한 전기가 이용가능하다면 일반 전기 냉장고에 사용할 수 있게 된다. 냉동의 두 번째 방법은 일반 천연가스 냉장고의 냉매를 천연가스 대신에 수소를 사용하여 가열하는 것이다. 움직이는 부분이 없이 작동하므로 조용하고 수명도 길고 유지비용도 적다. 냉동의 세 번째 방법은 촉매 연소기를 이용하는 것이다. 이 방법은 화염없이 냉매를 가열하고 더군다나 에너지효율이나 보존율을 높일 수 있는 방법이다. 네 번째 대안으로는 수소화물 시스템을 이용하여 CFC 사용을 없애고 오존층을 보호하는 방법이다.

가전제품과 기기

많은 가전제품들이나 기기 및 도구들, 예를 들어 재봉틀, 식기세척기, 전자 칫솔기기, 컴퓨터, 톱, 드릴, 라디오, 텔레비전, 음성 시스템 등을 작동하기 위해서 전동모터나 전자장치에 의존하고 있다. 이런 기기들은 화석연료 전기로 인해 생긴 공해물질이 전혀 없이, 모두 태양 수소로 생산된 전기를 이용하여 구동시킬 수 있다.

그러나 몇몇 가전제품이나 도구들은 예를 들어, 옷 드라이어나 난로, 냉장고나 온수 히터들은 연료로 구동될지 모른다. 이러한 곳에 화염이나 수소 촉매연소를 이용하여 생산한 열에너지를 이용할 수 있다.

태양 수소 집과 자동차

미래에는 전 세계가 태양 수소 에너지 시스템으로 전부 바뀔 것이며, 자연 경관상의 공해 현상 예를 들어, 전기선들이 시골과 도시 도로에서 십자모양으로 얽혀있는 것을 볼 수 없을 것이다. 사람들이 필요한 에너지는 수소를 생산하는 태양(직간접적) 시스템으로부터 얻을 수 있을 것이다. 도시 지역에서의 태양 수소 전력은 지역과 시간에 따라 태양에너지를 직간접적으로 운영하는 태양 농장 또는 발전소로부터 올 것이다.

중앙의 수소 생산 공장으로부터 공급된 수소는 지하의 파이프를 통해서 집이나 빌딩에 보내지고, 오늘날 천연가스나 석유를 사용하는 곳이면 어디에서든지 사용가능할 것이다(예를 들면 난방, 요리, 건조할 때). 많은 종류의 연료

Are you ready for this . . . according to the National Wildlife Federation (based on statistics using electricity generated by coal) — your personal contribution to global warming *is . . . 12.80 lbs of carbon dioxide/hour from the toaster oven — 12.80 lbs of CO_2/day from the refrigerator . . . not to mention the other appliances in the kitchen and the rest of the house!*

전지가 전기가 필요한 곳에서 사용될 것이다. 가정용 차는 시내 주행을 위하여 집에 있는 파이프로부터 수소를 공급받게 될지 모른다(물론, 장거리 주행을 위해서는 수소 충전소가 필요할지 모른다). 실험에 의하면 수소를 사용하는 차는 매우 적은 서비스가 필요하다. 수소는 부식성 화학물질이 포함되어 있지 않고 연소실에서는 탄소물질이 형성되지 않는다. 그 결과, 오늘날처럼 정비소에 자주 방문하는 일은 드물 것이다. 이러한 부가적인 혜택은 현재 화석연료 시스템과 비교해 볼 때 태양 수소 에너지 시스템의 또 다른 장점일 수 있다.

따라서 수소는 직접적으로나 간접적으로 태양에너지를 깨끗하고 효율적으로 저녁(또는 아무시간 때나)에 다양하게 이용할 수 있다. 아침에 냄새나고 해로운 공해 속에서 일어나는 일은 없을 것이다.

What you sleep with is your choice.

14.

비행기, 기차, 차 그리고 배

물론, 비행기, 기차, 차 그리고 배들은 태양 발전 또는 태양으로부터 얻은 수소로 갈 수 있다. 수소의 많은 독특한 성질들(예를 들어, 가장 가볍고 가장 빨리 타는 연료)은 로켓이나 엔진의 훌륭한 연료가 되고 여러 가지 형태의 운송수단에도 이상적이다.

우주 여행

우주선은 우리의 행성밖에 있는 하늘을 탐험하기 위하여 멀리 가야한다. 덧붙여서 우주선은 매우 빠른 속도, 아음속 제트기의 30배 빠른 속도(소리 속도보다 25배 빠른 속도)로 가야지 지구의 중력을 이겨낼 수 있거나 달이나 그보다 더 먼 곳으로 여행할 수 있다. 필요한 속도를 달성하기 위해서는 힘이 강한 엔진이 필요하다. 예를 들면, 로켓엔진이나 제트엔진이 있다. 이러한 엔진들은 많은 양의 연료를 소모한다. 따라서 우주 임무를 수행하기 위해서 우주선은 산화제인 산소와 모든 연료를 싣고 갈 정도의 용량이 필요하다.(우주에는 산소가 없으므로 우주선은 항해를 위해서 산소를 꼭 가지고 가야 한다.) 물론 무게나 연료소비를 낮추기 위해, 최대한 가벼운 연료를 운반해야 한다. 수소는 우주에서 가장 가벼운 원소이므로 가장 이상적이다. 그리고 압축하거나 액체 상태로 만들어서 공간을 줄일 수 있다. 수소는 매우 가볍고 빨리 연소되므로 우주선 프로그램에서 연료로 채택되었다. 미국에 있는 국립 항공 우주 기관The National Aeronautics and Space Administration, NASA이 세계적으로 수소를 가장 많이 소비하는 곳이다. 수소는 우주임무에서 중요한 연료이다. 유럽이나 러시아 및 일본에서도 수소연료를 이용하여 우주 프로그램을 수행한다.

수소 없이는 NASA에서 사람을 달로 보내는 일이나 안전하게 귀환하게 하는 놀라운 일을 해낼 수 없었을 것이다. 여기서 언급해야 할 것은 수소가 1985년 챌린저호의 사고 원인과는 전혀 관련이 없다는 것이다. 사고는 고체 연료 부스터에서 새는 화염이 원인이었다. 접합부에서 결함이 발생하여 수소와 산소가 들어있는 탱크까지 뚫고 들어가서 폭발을 일으켰다.

NASA는 현재 야심찬 우주정거장을 계획하고 있다. 1990년도 후반부에 우주선을 통해서 각각의 부품을 따로따로 가지고 우주로 보낼 것이다. 이 과정에서 주요 연료는 수소일 것이다. 더군다나, 수소는 수소산소 연료전지로 우주정거장에 동력을 제공하기 위하여 사용될 것이다. 이전 장에서 돌이켜보면 수소연료전지를 이용하면 전기를 생산하여 우주정거장에서의 다양한 작업들에 동력을 제공해주고 순수한 물 또한 생산하게 된다.

우주정거장에 붙어있는 태양전지로부터 나오는 전기를 이용하여 물로부터 수소와 산소를 분리하게 될 것이고, 그들은 우주정거장이 지구의 그림자 속에 있을 때 연료전지를 구동시키는 데에 이용될 것이다. 우주정거장에서 태양빛이 없을 때 태양전지판은 전기를 생산할 수 없으므로 수소는 언제라도 전기 발전을 하기 위한 효율적으로 저장한 연료이다.

NASA와 러시아는 같이 화성탐사를 계획 중이다. 우주선은 탐사에 필요한 모든 공급원들을 가지고 가야 한다. 길게는 8개월에서 1년 동안 지속될 수 있어야 하며 지구의 중력에서 벗어날 수 있을 정도로 가벼워야 하고 화성 궤도에 도달하여 탐사를 할 수 있어야 한다. 이 우주선은 수소로

I can't figure out why they use this hydrogen/oxygen fuel system exclusively here and they have such a hard time adapting to it on their own planet.

가동될 것이다. 우주선은 우주정거장에서 조립되어 긴 여정을 준비할 것이다. 그리고 우주선의 구성요소들 예를 들어, 연료, 산소, 그리고 식량과 선원들은 우주 왕복선에 의해 우주정거장에 운반될 것이다. 우주선은 우주정거장으로 되돌아 와서 선원들과 화성의 보물들을 왕복선으로 지구로 보낼 것이다.(상상에 맡겨라!) 이러한 여정은 수소 없이 현실이 될 수 없을 것이다.

항공기, 항공우주선 그리고 소형비행선

가벼운 무게와 우수한 연소 특성으로 인해 수소는 항공기나 항공우주선에 이상적인 연료이다. 항공기와 항공우주선은 모두 대기권이나 우주를 날게 될 것이다. 1988년 4월 15일 모스크바에서 처음으로 수소연료 엔진을 탑재한 여객기가 날았다. 투포리프Tupolev 155(미국의 보잉 727과 동등함)는 2개의 엔진(한 개는 수소, 다른 한 개는 제트연료(화석연료) 사용), 액체수소 저장탱크, 수소 공급과 제어 시스템을 탑재하였다. 비행기가 이륙하거나 착륙할 때 제트 연료로 하지만, 수소는 항해모드일 때 사용되었다. 소련Soviet Union의 다양한 항공 기관들과 투포리프 연구소가 현재는 수소로만 가는 투포리프 204로 불릴 초음속 여객기의 디자인과 개발을 하고 있다.

1988년 6월 17일, 소련 제트기의 비행 2달 후, 빌 콘라드라는 퇴역한 팬 아메리칸 비행사는 단일 수소 연료 엔진 비행기로 플로리다의 포트 로더데일을 비행하였다. 비행시간은 36초밖에 되지 않았지만 오로지 수소 연료로 이륙, 운항 그리고 착륙까지 하는 데에 새로운 기록을 세웠다.

사실상, 콘라드의 계획은 수소연료를 이용하여 활주로에서 천천히 달려 출발점으로 돌아온 후 이륙하여 공항 주위를 몇 번 돌고 착륙하는 것이었다. 수소연료는 일반연료보다 효율이 더 좋기 때문에 활주로에서 가고 있는 동안 비행기가 갑자기 지면으로부터 상승하여 멀어져 버렸다. 콘라드는 즉시 파워를 줄였고 활주로에 착륙하여 주행모드로 출발점으로 돌아가 비행준비를 했다. 시민 항공 위원회와 다른 기록 기관의 관료들은 콘라드에게 이미 기록을 세웠고 비행을 다시할 필요가 없다고 전하였다.

차세대 우주의 중요성 때문에 1987년 로널드 레이건 대통령은 NASA와 미국 공군에 국가 우주항공기 개발을 요구하였다. 국가 우주항공기는 마하 5~25 정도 되는 속도를

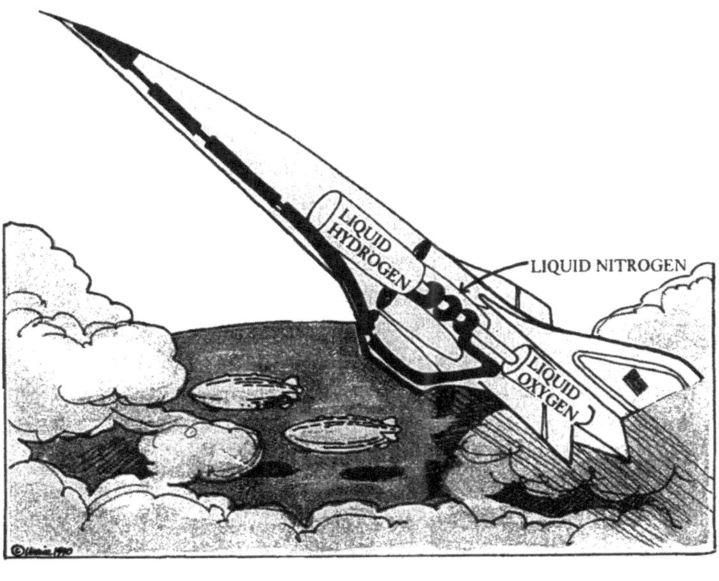

낼 수 있다(소리 속도의 5~25배). 여객기용으로 만든 비행기는 뉴욕으로부터 일본의 도쿄 아니면 LA에서 호주 시드니까지 2시간에 날아갈 수 있도록 기대된다. 그리고 이 비행기는 일명 동양고속Orient Express으로 불린다.

우주선용으로 만든 비행기는 일반 비행기처럼 이륙하여 지구의 중력을 탈출하고 지구의 대기권 밖인 우주를 여행한 후 대기권에 안전하게 활강하여 일반 비행기처럼 활주로에 착륙할 것이다. 비행기의 엔진은 대기권에서 비행하는 동안 연료를 태우기 위해 공기 중의 산소를 사용하고 우주에서는 저장된 액체 산소를 사용할 것이다. 국가 우주항공기의 연료로 채택된 것은 물론 수소이다. 첫 비행은 1996년으로 계획되었다.

다른 나라에서도 우주항공기를 개발하고 있다. 영국에서는 HOTOL이라고 부른다. 셴겔이라고 불리는 독일 항공기는 두 개의 비행기로 구성되어 있다. 한 개가 다른 한 개 위에 얹혀있는 형식이다. 큰 비행기(모선)는 마하 5 이상의 속도가 가능할 것이다. 작은 비행기는 액체수소로 가는데 큰 비행기인 모선으로부터 떨어져 나가 우주를 날고 난 뒤에 지구의 대기권을 거쳐 일반 활주로에 착륙하게 될 것이다. 물론 모선 비행기는 우주항공기가 떨어져 나간 직후에 착륙할 것이다.

일본 정부는 마하 5~7 정도의 속도를 가진 극초음속 우주항공기를 개발하기로 결정하였다. 비행기를 개발하는 데에 약 7년 정도 걸리고 처녀비행을 세기말 전까지 할 계획이다.

항공우주 회사나 제트엔진 생산업자들은 21세기에 대기와 우주 여행계획을 가지고 있다. 아음속이나 초음속 그리고 극초음속 제트 여객기는 다음 세기 초에 수소 연료로 날아갈 것이라고 예상된다. 록히드 회사의 연구에서 수소로 가는 아음속 제트기가 제트연료를 사용한 것보다 더 효율적일 것이라고 나타났다. 현재 있는 앵글로 프렌치 콩코드와 같은 초음속 제트기가 계속 제트연료를 사용하는 것보다 수소를 사용하는 것이 보다 효율적일 것이다.

비행기나 우주선의 이상적인 연료에 덧붙여서 말하면, 가장 가벼운 원소인 수소는 소형 비행선에 이상적인 가스이다. 소형비행선의 엔진은 들어 올리는데 쓰기 위해 풍선 속에 저장한 수소를 비행 중에 조금 이용할 수 있을 것이다. 몇몇 항공회사에서 대륙과 대양 사이에 무거운 짐들을 싸게 운송시키기 위해 소형비행선을 개발할 계획이 있다. 지금까지 수소를 안전하게 다루는 방법을 알았듯이, 유명한 힌덴버그 참사와 같은 사고가 발생하지 않을 소형비행선을 디자인하고 개발하는 것이 가능할 것이다.

기차

영국과 프랑스 같은 많은 국가들이 전동화 또는 부분적인 전동화 철도 시스템을 가지고 있지만, 미국과 많은 다른 나라에서 열차는 현재 디젤 연료에 대부분 의존하고 있다. 미래에 석유가 고갈될 것이고 석유로 인해 발생될 환경적인 문제를 고려해 보면 다른 연료 중에서 수소가 현재 적합한 대체연료로 대두되고 있다.

철도는 지구상에서 화석연료의 약 1.5퍼센트 정도를 소비하는데 대부분은 디젤연료형태이다. 하지만 철도는 육지로 운송하는 대형 수송물의 약 50퍼센트를 담당하고 다른 운송방법보다 높은 에너지 효율을 반영한다.

디젤연료는 부족한 원자재가 될 것이고 환경을 지키기 위해서 철도가 다양한 미래의 선택사항으로 검토되고 있다. 모든 전기철도는(물론, 미래에 태양으로부터 나온 전기로 가는 것도) 태양수소 에너지 시스템 후보들이고 이들은 이미 전 세계적으로 많이 쓰이고 있다. 하지만 미국에서 철도에 전기를 이용하는 것으로 바꾸는 것은 변화에 대한 비용을 고려해야할 필요가 있다. 대체하기 위해서는 철도 교통이 매우 많은 곳이어야 할 수 있다. 예를 들어 워싱턴 DC에서 뉴욕이나 보스톤을 들 수 있다.

언제 어디서든지 전기로 대체하는데 드는 많은 투자들이 재정상 정당화 될 수 없을 때 수소연료로 가는 기차가 시행 가능한 대안이다. 연방 철도국, 미국 철도협회, 기차 제조업자와 철도회사의 조사에 따르면 수소 연료로 바꾸는 데에는 큰 기술적인 장벽이 없다고 밝혔다.

사실상 수소는 오랜 세월동안 철도에서 필요한 대상으로 여겨져 왔다. 수소는 일상적으로 미국에서 특별히 제작된 단열 탱크형 화물열차 안에 극저온 또는 초저온 액체 상태로 운반되었다. 이는 액체수소를 야외에서 안전하게 다룰 수 있다는 것을 명백히 보여준다.

캐나다 철도에서는 기차 제조업자들과 같이 수소 디젤 엔진이나 전기로 가는 기차를 캐나다 태평양 기찻길의 토론토와 위니펙 사이에 운행하는 시범계획으로 같이 일하고 있다.

수소연료전지 발전은 기관차에서도 매우 실현가능하다. 연료전지는 가까운 미래에 자동차를 위한 동력원이 아닐 수도 있다. 그 이유는 바로 지금 연료전지가 내연기관 엔진보다 부피가 크기 때문이다. 하지만 크기와 공간의 제약은 기차에서 문제가 되지 않으므로 수소연료전지는 수소 연료 디젤 엔진을 훌륭하게 대체할 수 있을 것이다. 사실상 디젤 기관차를 연료전지로 대체하는 것이 더 좋을지 모른다. 왜냐하면 보다 깨끗하고 보다 효율이 높기 때문이다.

자동차

과거에 당나귀나 말과 같은 개인 운송수단이 있었지만 오늘날 특히 부자인 서양 나라에서 사람들은 자동차를 이용한다. 우리들은 자동차를 이용하여 직장을 다니거나, 쇼핑하거나 여가시간을 즐긴다. 우리들은 모든 것에 자동차를 이용한다. 자동차를 태양 수소로 바꾸지 않는 이상 우리는 완벽한 태양 수소 시스템을 가질 수 없을 것이다.

수소는 자동차에 이상적인 고유의 특성을 가지고 있다. 수소는 희박한 상태에서도 연소한다. 석유와 석유 관련 연료들, 천연가스와 다른 탄화수소는 농후할 때 연소한다. 탄화수소 연료가 잘 연소되기 위해서는 연료와 공기의 혼합물이 농후한 상태여야 한다는 것을 의미한다. 예를 들어 신호등 앞에서 차를 멈추거나 속도를 낮출 때 동력이 감소된 만큼 엔진으로 가는 석유의 양은 줄지 않는다. 따라서 많은 양의 연료가 소모된다. 만약 엔진으로 가는 석유가 줄어든다면 연소는 멈추고 엔진도 멈출 것이다.

하지만 수소의 경우에는 신호등 앞에서 자동차가 멈추거나 속도를 줄일 때 엔진으로 가는 수소의 양은 줄어들지만 연소는 계속될 것이다. 그 이유는 수소는 아주 희박한 상태에서도 연소하기 때문이다. 따라서 수소는 필요하지 않을 때에 낭비되지 않는다. 이러한 특성 때문에 수소연료 자동차는 같은 양의 석유로 가는 자동차보다 효율이 60퍼센트 더 좋고 더 깨끗하기도 하다.

조금 더 작은 크기의 연료전지 시스템이 개발된다면 자동차는 내연기관 엔진 즉, 수소동력이나 석유동력보다 높은 효율로 갈 것이다. 수소 연료전지로 가는 차는 석유로 가는 자동차보다 2~3배 더 효율적일 것이다.

세상에는 이미 수소동력 내연기관 엔진으로 가는 시범적인 자동차나 버스가 있다. 마이애미 대학 과학자들, 아듯Adt과 스웨인Swain은 1972년에 처음으로 자동차를 수소로 가도록 바꿨다. 1977년에 캘리포니아 리버사이드에서는 수소를 연료로 하는 시내버스가 달리기 시작했다. 그리고 이 버스는 로스앤젤레스 분지의 스모그 문제를 줄이는 데에 수소를 사용하는 것이 유용한지를 조사하는 데에 이용되었다. 다임러 벤츠(메르세데츠 벤츠)가 개발한 차량들은 1985년 이래 베를린에서 성공적으로 수소로 운영되고 있다.

오늘날 수소로 가는 자동차를 널리 이용하는 데에 오직 한 가지 단점은 수소의 가격이다. 석유보다 2~3배 정도 비싸다는 것을 알 수 있다. 하지만 보이는 것에 속을 수도 있다. 만약에 화석연료의 환경피해와 수소의 높은 효율을 고려한다면 수소는 매우 이용 가능하다.

앞에서 언급했듯이, 수소는 3가지 방법으로 저장할 수 있다. 고압 용기 안에 고압가스 상태로, 단열용기 안에 액체 상태로 그리고 금속과 합금과의 화학결합인 수소화물이 있다. 마지막 방법은 수소에만 적용될 수 있는 독특한 것이다. 다른 어떤 연료도 그 방법으로 저장될 수 없다. 수소화물 금속과 합금이 수소를 흡수하는 것은 마치 스펀지가 물을 흡수하는 것과 같다. 바꿔 말하면 수소화물 금속과 합금은 수소를 매우 촘촘하게 저장한다.

전 세계적으로 수소연료 자동차에 어떤 것이 가장 좋은 저장방법인지를 결정하기 위해 연구와 개발이 계속 진행되고 있다. 이러한 방법들을 각각 이용하여 실현하는 프로젝트들이 있다. 예를 들어, 마이애미 자동차는 수소가스를 압축해서 이용하고, 리버사이드 버스는 수소화물 내에 수소를 저장한 것을 이용한다. 독일에 있는 실증용 자동차는 액체수소저장을 이용한다.

배

특히 수소화물로 저장할 수 있는 특성 때문에 수소는 또한 배의 이상적인 연료이다. 배는 무게중심을 낮추거나 안정하게 하기 위해 밸러스트가 필요하다. 밸러스트는 추가적인 추, 예를 들면 무거운 금속과 같다. 수소연료 배의 경우에 수소화물 재료들을 사용하는 것은 일석이조로써 밸러스트와 연료탱크 역할을 동시에 할 수 있다. 물론 필요에 따라서는 압축 가스 저장용기나 액체 용기 또한 사용가능할 것이다. 가스터빈, 내연기관 엔진 또는 (가장 효율이 좋은) 수소연료전지에 저장된 수소를 이용하여 배를 작동시키거나 다른 필요한 동력을 제공할 수 있다.

초대형 유조선을 이용하여 태양벨트 나라들에서 산업화된 나라들로 요즘의 액체천연가스(LNG) 또는 액화석유가스(LPG) 탱크와 같은 둥근 탱크에 액체수소를 운반하는 것도 제안되고 있다. 수소 그 자체로는 별로 무겁지 않고(약 석유의 10분의 1배) 배를 안정화 시키는데 충분히 무겁지 않기 때문에, 유조선의 용골(선박 바닥의 중앙을 받치는 길고 큰 재목)을 따라 설치한 수소가 저장된 수소화물 재료가 밸러스트로 필요하다.

수소는 잠수함에도 또한 이상적인 연료이다. 현재는 비핵 잠수함이 바다 표면을 항해할 때 공기를 오염시키는 디젤 엔진을 이용하고 바다 밑을 갈 때에는 납축전지를 이용한다. 오늘날 독일에서 개발되고 있는 잠수함은 수소-산소 연료전지를 쓴다. 수소는 수소화물에 저장되어 있는 동시에 필요한 밸러스트 역할을 해주며 산소는 단열용기에 액체 상태로 저장되어 있다. 잠수함은 바다 표면을 항해할 때 수소와 공기를 이용하고 바다 밑에서는 수소와 액체 산소를 이용한다. 이는 디젤연료 잠수함보다 조용하고 수심에서 더 먼 거리를 갈 수 있다. 둘 다 군사적으로 중요한 고려 사항들이다. 이 잠수함은 납축전지와 같은 위험한 화학물질을 가지고 있지 않으며 공해를 발생시키지 않는다. 따라서 해군 모두와 환경에 건강하다.

독일 해군은 첫 수소 잠수함의 시범주행에 매우 놀랐다. 그들은 수소연료는 다음 세대 잠수함에 이용될 것이라고 보고하였다.

상업용 화물 운반 목적으로 수소연료로 가는 큰 상업용 잠수함을 만드는 아이디어 또한 있다. 이 잠수함은 매우 효율적이며 파도 밑을 지나가기 때문에 폭풍으로부터 자유로워질 수 있을 것이다.

물론, 수소를 연료로 하는 배, 수소 유조선 그리고 태양 수소 시스템의 가장 큰 장점은 만약 사고 발생 시에도 수소는 금방 증발하여 없어지므로 석유 유출과 같은 환경을 매우 오염시키는 일은 없을 것이다. 수소는 기름과 같이 물 위에 계속 남아있지 않는다. 만약 불이 나면 수소는 수증기만 발생시킬 것이다. 독성이 있는 일산화탄소나 숨 막히게 하는 독성 연기와 같이 화재로 인한 피해자들과 소방관에게 의식불명 상태의 피해를 주지 않는다.

1989년 4월 유조선 엑손 발데즈가 알래스카 프린스 윌리엄 사운드에서 암초에 의해 좌초되어 천만 갤런의 원유가 새어 나왔다. 900 평방마일(약 2,300 km^2) 이상의 물 위로 퍼져나가 환경적으로 재앙을 불러 일으켰으며 그 지역에 사는 수백만의 어류, 포유류, 조류나 식물이 죽었다. 이전의 원유 유출을 조사했던 과학자는 더 추가적인 피해를 예상했다. 몇몇 피해는 10년이나 20년 동안 지속될 것이다.

우리들은 이런 재앙이 앞으로 다시 발생하지 않는다고 장담할 수 없다. 그러나 태양 수소 에너지 시스템으로 바꾸면, 엑손 발데즈와 같은 불상사는 걱정할 필요가 없을 것이다.

15.

언제?

이 책에서는 공업의 역사에서 아마도 가장 큰 변화, 즉 연료를 바꾸는 것에 대해서 지지하는 입장이다. 하지만 환경오염의 주범인 화석연료로부터 탈피하는 것은 정부 주도로 이행되지 않고 여러분과 같은 투표자들의 압력에 의하여 이루어질 것이다. 그리고 이러한 압력이 결실을 얻어내기 전에 극복해야 할 많은 난관들이 있다.

- 사람들에게 태양 수소 동력을 교육한다.
- 정부의 예산안 지출 우선순위를 바꾼다.
- 다양한 연구 문제들을 해결한다.
- 환경적인 문제들을 직면하여 절실한 필요성을 인식시킨다.

난관들을 극복하기

사람들은 이익이 되는 변화가 있다고 생각할 때 그들은 항상 빠른 변화(신속한 만족)를 원한다. 많은 사람들은 투표를 할 때, 그들이 투표를 함으로써 거의 바로 얻어지는 것 또는 최소한 그 다음 해에 이뤄질 수 있는 것들을 기대하게 된다. 이 장을 통해서 말해주고 싶은 것은 단기간에 연료시스템을 바꾸는 것은 불가능하지만 첫 시작은 할 수 있다는 점이다.

우리가 하고 싶은 말은 새로운 기술들이 실행되기 위해서는 시간이 필요하다는 점이다. 오늘날 태양에너지를 사용하는 몇몇 제품들이 이용 가능하더라도(태양전지판이 있는 계산기, 파티오patio 전등 그리고 온수를 위한 지붕의 패널), 세계적인 수준으로 수소를 대량으로 생산하기 위해서는 많은 연구가 필요하다. 수년 동안 NASA의 우주프로그램에 수소가 연료로 이용되었지만, 일반 시장으로 이 기술을 가져오고, 조금 더 사용가능하고 비용에 적합한 수준으로 만들기까지 더 많은 연구가 필요하다.

우주 프로그램에서 로켓들을 가장 싼 값에 생산하는 것이 목적이 아니었고, 아무리 비용이 들더라도 지구 궤도를 돌거나 인간을 달에 데려다 놓고 다시 귀환이 가능한 로켓을 만드는 것이 목적이었다. 우주선의 2세대인 우주셔틀은 비용을 고려하여 디자인이 되었다. 우주선은 여러 번 이용 가능해야 하고, 지구의 중력으로부터 멀어지거나 재진입할 때 경험하는 극심한 온도변화와 힘을 견딜 수 있어야 한다. 당연히 일반 사람들은 로켓이나 우주왕복선과 같은 복잡한 수송수단을 필요로 하지 않는다. 대신에 우주선은 공급 가능한 대량생산이 필요하고 모든 다양한 조건을 견디도록 신뢰성 있게 제작되어야 한다. 예를 들어, 우주선이 모스크바 또는 팀벅투Timbuktu(멀리 떨어진 곳)에서 작동하듯이 호놀룰루Honolulu에서도 똑같이 작동해야 한다.

연구, 연구, 연구

수소연료를 저장하기 위한 최선의 방법을 찾는 연구가 아직 많이 필요하다. 예를 들어, 저장하는 매체가 다른 날씨 조건에서 견딜 수 있는가? 수명을 다하기까지 얼마나 오래 지속될 수 있겠는가?

조사해야 할 다른 분야는 파이프라인 벽으로부터의 누출 문제이다. 천연가스가 파이프라인을 통해서 먼 곳까지 수송될 때, 지나가는 과정에서 소량이 누출된다. 수소는 천연가스보다 많은 양이 새어 나오게 될 것이다. 그 이유는 수소 분자는 천연가스 분자보다 작고 가볍기 때문에 아주 작은 균열crack에도 많은 양이 빠져나올 수 있다. 아마도 파이프들은 플라스틱으로 덮여져야 할 것이다. 하지만 어떤 플라스틱일지 아직 모른다.

많은 의문사항들이 해결되어야 하지만, 우리가 알고 있는 것은 공해를 유발하는 화석연료를 대체하기 위하여 깨끗한 수소연료를 생산하는 기술을 지금 가지고 있다는 것이다. 수소 시범 프로젝트들이 시행되고 있다. 차, 오토바이, 모터가 달린 자전거, 비행기 그리고 석탄 운반차 등 이 모두가 깨끗한 수소로 가고 있다. 하지만 이 모두가 일회성 프로젝트이다. 이들을 만들거나 바꿔서 수소동력기계가 작동 가능하다는 것을 증명하였다. 화석연료 대신에 수소를 사용하는 차, 오토바이, 모터가 달린 자전거, 비행기 그리고 다른 모든 기계들을 대량생산하기 위하고, 파이프라인의 시설들을 바꿔서 수소가 운송될 수 있게 하려면, 매년마다 수백만 달러를 써야 한다.

이는 매우 많은 것처럼 들릴지 모르지만 환경오염으로 드는 엄청난 비용을 고려할 때 매우 하찮은 정도에 불과하다. 이 엄청난 환경피해 비용은 해년마다 수천억 달러에 달한다. 환경피해를 바로잡는 것은 정부나 기업에서 감당해야 한다. 그리고 누가 이 모든 것을 감당할 것인가? 높은 세금과 값을 내는 납세자와 소비자인 우리들이다. 이러므로 우리가 환경을 오염시키지 않고 공장이나 가정에 필요한 에너지를 공급하기 위하여, 화석연료에서 신 청정에너지산업으로 정부의 예산 집행 우선순위를 바꾸도록 정부를 설득시키는 것이 매우 어려운 경제적 논리이다.

앞으로 뜨고 있는 새로운 청정 산업 중 하나가 태양동력이다. 태양동력은 대규모 시장에 적합한 크기는 아니지만 지금 어느 정도 준비된 상태이다. 예를 들어 태양에너지를 모아서 전기로 변환하는 게 가능하다는 것을 안다. 하지만 많은 의문점이 남아있다. 예를 들어, 어떤 사람의 지붕에서 전기를 생산하는 태양전지판은 하나의 도시를 위해서 충분한 전기를 생산할 때 역시 작동할 것인가? 넓은 지역에서 태양전지판은 화창하고 건조한 날과 같이 화창하고 습도가 많은 날에도 작동을 할 것인가? 태양발전 전기로 물을 분해하여 수소를 생산한다면, 대량 생산을 할 경우 그 수소는 화석연료보다 경제적일 것인가?

위급한 마음

연구들은 새로운 기술을 개발할 때 행하여지는데, 우리들이 인생에서 단기간의 성과를 기대한다면 이 연구결과들을 걱정하지 않을 수 없다. 연구들은 과학자들이 아이디어를 출판할 때부터 상점에서 살 수 있을 때까지 75년이 걸린다고 한다. 공학자들이 과학자들의 아이디어를 가지고 모델을 만들고 작동 여부를 테스트해보는 때부터 상점에서 구입할 수 있을 때까지 50년이 걸린다고 한다. 하지만 기업에서 모델을 가지고 상업화하는 때부터 상점에서 구입할 수 있을 때까지는 15년이나 그 보다 더 적게 걸린다.

그러나 이러한 시간은 상황에 따라 변할 수 있다. 예를 들면, 전시상황일 때에는 모든 것이 매우 빨리 해결된다. 세계 2차 대전 때 6개월 만에 자동차 공장은 탱크공장으로 바뀌고, 무기들은 급 가속도로 개발되고 생산되었다. 위급

The emergency spirit

한 마음은 국가를 하나로 만든다. 우리들은 이와 같은 위급한 마음을 이용하여 청정연료를 개발하고 생산해야 한다. 더러운 화석연료를 이용하는 공장에서 깨끗한 태양 수소에너지를 이용하는 공장으로 만들어야 한다. 간단히 말하면 우리들이 환경에 반하여 저지르는 전쟁을 멈추게 하기 위하여 위급한 마음이 필요하다.

16.

하지만 이것이 안전한가?

우선 고려중인 에너지원인 태양에너지는 매우 친환경적이다. 이 에너지는 지구라는 행성에 생명을 주는 역할을 한다. 하지만 에너지 운반매체인 수소의 안전을 고려할 때, 힌덴버그 사고는 항상 논쟁의 여지를 남긴다. 사람들은 수소는 큰 화재와 폭발을 일으키는 원인이고 매우 위험한 연료라고 말한다. 반면, 이러한 믿음과는 반대로 많은 연구는 수소가 상대적으로 안전한 연료라는 것을 보여준다.

시작에 앞서 NASA는 세계에서 가장 큰 수소 소비자이고, 수소를 석유와 같은 다른 연료와 비교하기 위한 많은 연구에 후원을 하였다. 이 모든 연구들은 모든 것을 다 고려할 때 수소가 가장 안전한 연료라는 것을 보여준다.

힌덴버그

힌덴버그는 1937년 시절에 가장 큰 여객선이었다. 수소가 가장 가벼운 원소이므로 풍선은 수소로 채워져 항상 떠 있도록 하였다.

이러한 목적을 위해서 다른 가스 즉 헬륨도 가능하였다. 헬륨은 두 번째로 가벼운 원소이고 불활성 가스, 즉 타지 않는 가스이다. 자연 상태에서는 소량 존재하며 일반적으로 천연가스와 섞여 있다. 1937년에도 헬륨은 힌덴버그와 같은 여객선을 띄우는데 사용될 수 있었으나 당시에는 미국에서만 헬륨을 생산하였다. 헬륨의 전략적 중요성 때문에 수출이 금지되었고, 힌덴버그는 두 번째로 좋은 선택인 수소로 채워져야 했다.

1937년에 유럽으로부터 뉴저지의 레이크허스트까지 가기 위하여 대서양을 건너는 11번째 항해에 100명의 승객들과 승무원들이 있었다. 사람들이 내리기 시작할 때 풍선에 불이 붙었다. 아무도 불이 어떻게 발생했는지 모른다. 몇몇은 전기접촉 불량 때문이라고 하고, 다른 사람들은 고의적인 파괴행위라고 말하였다(당시는 세계 2차 대전 바로 전이었고 힌덴버그는 독일 여객선이었다). 어쨌든 대부분 탑승객들이 아직 타고 있는 여객선에서 화재가 발생하였다는 점이다.

사람들은 공포상태에 빠졌다. 35명은 뛰어내리고 죽은 반면 나머지는 곤돌라에 남아있었다. 4명은 화재로 인해 죽었다. 하지만 그들은 디젤엔진으로 인해 발생한 화재에 의하여 죽었다. 놀랍게도 아무도 불타는 풍선에서 발생하는 화재로 다치지 않았다. 그 이유는 수소로 인해 발생한 화염은 매우 적은 열을 복사로 방출한다. 반대로, 화석연료(예를 들어 디젤연료)에서 발생한 화염은 매우 고강도 열을 복사한다. 화석연료의 탄소는 열을 발생하고 열을 지속하는 능력을 가지고 있다. 만약 여객기 내에 있는 사람들이 수소로 인해 발생한 화염을 직접적으로 접촉하였다면 아마 화상을 입었을지 모른다. 다행히, 화염이 도달하기 전에 불타는 여객선으로부터 급히 탈출하여 구조되었다.

공기보다 가볍다

우주여행(이미 수소가 연료로 쓰인 곳)을 비롯하여 일찍이 수소가 상업적으로 쓰일 수 있는 것은 비행기다. 특히 소리보다 몇 배 빠른 극초음속 비행기에 쓰일 수 있고 바다 위를 몇 시간 만에 건너갈 수 있을 것이다. 그리고 안타깝게도 예방대책이나 안전수칙이 있더라도 비행 중이나 지

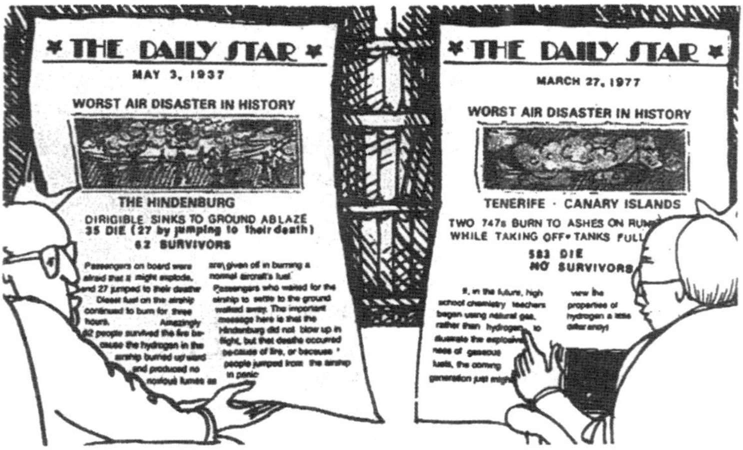

상에 있을 때 예측할 수 없는 사고가 가끔 발생한다.

지상에서 발생할 수 있는 사고를 생각해보자. 힌덴버그 사고 후 40년이 지난 1977년에 역사상 최악의 비행 사고가 카나리아제도Canary Islands의 산타 크루즈 데 테너리페Santa Cruz de Tenerife에서 발생하였다. KLM-B-747 점보비행기가 Pan Am B-747과 활주로에서 충돌하였다. 두 비행기 모두 화염에 휩싸였고 제트연료는 매섭게 타고 화염과 연기가 자욱했다. 그 중 583명은 대부분 강한 열기나 연기로 인한 호흡 문제로 인해 죽었다. 반면에 만약 두 비행기가 수소연료를 사용했더라면 이 정도로 큰 재앙은 발생하지 않았을지도 모른다. 수소는 해로운 연소물질을 발생하지 않기 때문에 질식사나 호흡문제와 같은 일은 없었을 것이다. 그리고 화염에 뒤덮히지 않은 대부분의 탑승객들은 구조되었을 것이다.

그러면 이륙하여 비행 중 가장 위험한 순간에 발생할 수 있는 작은 사고에 대해 알아보자. 오늘날 만약 이륙 후에 바로 긴급사태가 발생할 경우 비행기는 내리기 전 몇 시간 동안 같은 자리를 돌면서 연료통을 비우거나 연료를 버리게 된다. 그 이유는 만약 비행기 무게에 제트연료의 무게가 더해진 무게로 착륙을 시도하게 되면 착륙기어가 망가지기 때문이다(장거리 비행에서는 이륙할 때 비행기의 무게 중 60퍼센트가 연료다). 반면, 만약 비행기가 수소를 연료로 사용한다면 수소의 무게는 비행기 전체 무게의 20퍼센트만 될 것이고 이는 40퍼센트만큼의 무게를 줄이는 것이다. 그러므로 만약 이륙 후에 긴급 상황이 발생할 경우 조종사는 바로 착륙할 수 있고 다른 더욱 복잡한 과정들을 피할 수 있다. 그리고 수소연료를 버리면 수소는 해로운 영향 없이 공기 중에서 증발할 것이다. 반면에 버려진 제트연료는 공기, 바다 그리고 땅을 오염시킨다.

그래서 수소연료 비행기가 오늘날의 비행기보다 많은 점에서 더 안전할 것이다.

당신의 차

해년마다 수천 명의 사람들이 가솔린이나 디젤 연료를 사용하는 자동차에 직접적으로 관련한 사고로 인해 죽는다.

이미 봤다시피, 오늘날의 연료를 사용하여 구동하는 자동차는 화학 오염물질이 가득한 혼합물질을 생산한다. 이런 화합물 중 하나는 일산화탄소이다. 만약 일산화탄소를 들이쉬면 매우 유독하다. 해년마다 많은 사고나 고의로 발생한 죽음은 배기가스에서 나오는 일산화탄소를 마신 결과 발생한다. 예를 들어 미국만 해도 해년마다 1,800명의 이런 죽음이 발생한다. 반대로 만약 차들이 수소로 가게 된다면

Let us consider hydrogen fuel

이러한 불행이 발생하지 않을 것이다. 수소를 연소하고 나온 부산물은 수증기일 뿐이기 때문이다. 수증기는 해롭지 않고 사람들을 해치지 않는다. 수증기를 들이쉬는 것은 신경시스템에 영향을 주지 않으므로 정신을 잃는 현상이 발생하지 않는다.

가솔린이나 디젤로 가는 자동차들끼리 충돌이 발생할 경우, 연료선은 자주 파열되어 연료를 사방으로 뿌리게 된다. 많은 사례에 의하면 불이 발생하게 되어 열의 강도와 유독한 가스로 죽음에까지 이른다고 증명되었다.

앞서 언급한 바에 의하면 수소 연료 자동차의 저장시스템은 수소화물인 금속 '스펀지', 액체수소 탱크 또는 압축가스 저장 시스템일 수 있다. 3가지 중에서 수소화물 시스템이 가장 안전하다. 매우 심각한 충격으로 수소화물 탱크에 구멍을 내도 큰 화재가 발생하지 않을 것이다. 작은 화염이 단지 탱크에서 흔들흔들 거릴 것이다. 수소는 수소화물 금속 스펀지에서 천천히 방출되기 때문이다. 몇몇 시범 케이스들에서 보면 수소화물 탱크에 총으로 쏠 경우, 작은 화염만 총알 구멍으로 나온다. 다른 연료들은 폭발하거나 불이 발생한다.

액체수소로 가는 몇몇 연구용 자동차가 사고 났었다. 캘리포니아에서 발생한 사건은 액체수소를 가득 채운 탱크를 가진 자동차가 충돌로 인해 전복되었고 저장탱크에 구멍이 났었다. 차가운 액체(-253℃, 화씨 -423도)는 매우 빨리 나왔고 공기 중으로 증발하였다. 불이나 폭발은 없었다.

수소화물이나 액체수소로 가는 자동차보다 압력탱크에 저장한 수소로 달리는 차가 더 위험하다. 화재가 발생할 가망성은 있지만 폭발이 될 가망성은 없다. 폭발은 수소와 산소 또는 수소와 공기가 서로 밀폐된 공간, 즉 탱크에 섞여 있을 때만 발생한다. 수소가 파열된 파이프나 구멍 난 탱크에서 누출이 된다면 점화는 스파크나 엔진의 뜨거운 표면에 의해서 일어날 것이다. 불에 가까이 있더라도 화염으로부터 떨어져 있다면 화상을 입을 일도 없고 유해한 증기도 견딜 수 있을 것이다. 하지만 누구든지 화염에 휩싸인다면 당연히 화상을 입을 것이다.

결론적으로 모든 요인들을 감안할 때, 수소는 가솔린이나 디젤연료보다 더 안전한 자동차 연료이다.

가정과 주방

가정에서 전기, 천연가스, 석유나 석탄은 난방, 냉방 그리고 요리하는데 쓰인다. 어떤 원인으로 집안 어디에서 다량의 천연가스와 석유 증기가 누출될 경우 매우 치명적일 수 있다. 게다가 천연가스나 석유로 인해 발생한 화염은 독한 가스와 고온의 복사에너지를 방출한다. 이러한 사고들은 상해 또는 죽음을 불러일으킬 수 있다.

그러나 수소를 이용한 가정에서는 앞선 재난과 같은 위험이 발생하지 않을 것이다. 수소 자체나 연소생성물인 수증기는 해롭지 않다. 수소를 이용하는 촉매연소기는 요리하는데 가장 좋은 선택이다. 촉매연소기는 화염을 발생하지 않기 때문에 불을 일으키지 않는다. 만약 손가락으로 촉매연소기를 만졌을 때 천연가스나 석유버너 또는 전열기판보다 적은 화상을 입을 것이다. 그 이유는 촉매 연소온도(150℃, 화씨 300도)가 천연가스나 석유의 화염온도(1,400℃, 화씨 2,500도)보다 더 낮기 때문이다. 촉매 수소 버너를 사용하여 난방하는 것이 천연가스나 석유 또는 석탄을 이용한 벽

난로나 실내 난방기를 사용하는 것보다 훨씬 안전하다.

물론 수소를 포함한 모든 연료는 불을 일으킬 수 있다. 그러나 만약 가정에서 수소로 인해 불이 발생한다면 직접적으로 화염에 접촉하지 않는 이상 화상을 입지 않을 것이다. 독성 가스를 마실 필요도 없으므로 빠르고 쉽게 탈출할 수 있을 것이다. 사람들은 긴급한 위험에 처해있지 않기 때문에 화염으로 인해 화상을 입은 사람들을 도와줄 수 있을 것이다. 그러나 석유, 천연가스 또는 석탄으로 인해 발생한 화재는 많이 다르다. 화석연료의 화염은 강한 열을 방출하여 가까운 주위에 있는 모든 사람을 화상입게 하고 동시에 화석연료로 인해 발생한 유독한 연기와 가스는 사람을 질식시킬 수 있다.

요약하자면, 수소연료를 사용하는 집이 화석연료를 사용하는 집보다 더 안전하고 화재가 발생하더라도 수소연료를 사용하는 집에 사는 사람들이 탈출할 때 상해 또는 죽음으로부터 살아남을 확률이 높다.

누출

모든 연료 저장소나 파이프 라인은 누출의 대상이고, 가장 가볍고 작은 원소인 수소는 천연가스를 포함한 다른 연료보다 쉽게 누출된다. 그러나 수소는 부피가 큰 연료이다. 예를 들어, 같은 에너지를 두고 볼 때 수소는 천연가스보다 3배나 많은 공간을 차지한다. 이러한 이유나 다른 이유들로 인해 가스나 석유가 같은 누출 상황에 있을 때 수소가 더 위험할 것인지 덜 위험할 것인지가 명백하지 않다.

예를 들어, 천연가스와 수소를 잠재적인 위험을 고려해서 비교해 볼 때, 새는 부분을 통해서 나가는 에너지의 양을 고려해 볼 수 있다. 만약 새는 가스가 점화되기 전이면 에너지양은 뒤따르는 불의 강도를 측정할 수 있게 해 줄 것이다. 그러나 수소는 천연가스보다 적은 에너지를 가지고 있으므로, 고용적의 수소가 흘러간다는 것이 용기나 파이프라인에서 고에너지가 새서 나간다는 것을 의미하지는 않는다.

고려해봐야 할 다른 요인으로는 큰 균열에 있어서는 천연가스보다 수소가 3배나 흐름이 빠르지만 작은 균열에 있어서는 수소의 흐름은 천연가스보다 단지 2배 빠르다. 이는 큰 균열에서 새어나온 가스들이 점화된다면 이때 발생한 불로 인한 피해는 수소나 천연가스나 거의 같을 것이다. 작은 균열에 있어서는 천연가스로 인해 발생한 불로 인한 피해가 수소보다 더 심할 것이다. 하지만 천연가스 불로부터 고강도 열과 유독 가스가 발생된다는 점을 고려하면 수소는 어떠한 누출이 발생하더라도 더욱 안전하다.

해년마다 수백만 갤런의 디젤, 휘발유와 등유는 저장탱크나 파이프에서 새어나온다. 그들은 지하수로 흘러들어가서 마시는 물에 위협을 가하거나, 만약 오염된 지하수가 호수나 강으로 흘러들어간다면 수생생물들을 독살시킬 것이다. 그러나 수소가 새면 이런 일이 발생하지 않는다. 저장용기와 파이프라인에서 수소가 새어나오게 된다면 땅속에서 스미어 올라와 공기 중으로 확산될 것이다.

오늘날의 LPG(액화석유가스)나 LNG(액화천연가스) 선박과 비슷하게 초대형 선박을 이용하여 수소를 바다 건너 운반하는 방법이 제안되고 있다. LPG와 LNG는 큰 단열구형 용기에 저장되어 선박으로 운반되고 액체수소도 같은 방법으로 운반될 것이다. 만약 이런 운반선이 손상을 입거나 탱크가 샌다면 수소는 단지 공기 중으로 증발할 것이고 살아있는 생물이나 환경에는 전혀 해를 끼치지 않을 것이다.

화석연료는 이렇게 말할 수 없다. 우리는 모두 1989년 4월에 알라스카의 프린스 윌리엄 사운드Prince William Sound에서 발생한 엑손 발데즈Exxon Valdez의 지금은 악명 높은 석유유출을 기억한다. 엑손 발데즈는 암초 위를 지난 후 천만 갤런의 많은 석유를 유출하였고 수많은 바다표범이나 수달 그리고 새들의 생명을 앗아갔다. 연어나 다른 물고기의 산란장소나 키우는 장소에 피해를 줬다. 그리고 알래스카 만과 프린스 윌리엄 사운드의 해변과 물을 오염시켰다. 수소는 단순하게 증발하기 때문에, 수소를 사용하면 이러한 일은 발생할 수도 없고 발생하지도 않았을 것이다.

따라서 수소는 안전하나? 위 사실 모두를 고려하여 보면 우리들은 "예, 수소는 안전한 연료입니다."라고 말할 수 있다. 하지만 이것은 연료이기 때문에 조심히 다뤄야 한다는 것을 기억해둬야 한다.

17. 당신이 할 수 있는 일

당신이 할 수 있는 일은 새로운 청정연료인 수소와 전기로 구동하는 모든 것을 바꿀 수 있는 조금 더 복잡한 대안에 관한 지식을 전파하는 것이다.

에너지 연속단계의 아이디어가 있다.

태양 에너지 → 수소 → 물

이는 매우 단순하여 한번 알아두면 잊을 수 없다.

- 우리는 태양빛을 이용하고 이것을 전기로 바꾼다.
- 그 후 물을 전기분해하여 새로운 청정에너지인 수소와 산소(공기 중으로 돌려보내거나 사용할 수 있는)를 얻어낸다.

- 그 후 수소는 인구와 산업이 밀집되어있는 중심가로 파이프나 트럭을 통해 운반된다.
- 인구와 산업 밀집 중심가에서 수소는 연료로써 연소되고, 가솔린이나 디젤 연료 대신 내연기관 엔진에 이용되거나, 연료전지에 이용되어 기계적인 동력, 열 또는 전기를 제공한다.
- 그리고 이런 모든 과정에서 배기로 나오는 것은 우리가 처음 시작했던 순수 물질인 물이다.

따라서 태양 수소 시스템은 우리들에게 에너지를 제공해주지만 태양빛 외에 다른 어떤 자원도 사용하지 않으며 공해가 없다.

어떤 것이 이런 지식을 전파하는데 장애가 되는가?

몇 가지 이유들이 있다. 가장 중요한 것은 이 아이디어의 경제성이 단지 최근에 적합하다고 보기 시작했다는 것이다.

수소를 에너지 운반매체로 생각한 때는 1970년대부터이다. 하지만 최근까지 태양빛을 전기로 바꿔서 물을 전기 분해하는데 드는 비용에 대해 매우 긍정적이지 못했다. 1989

년에 와서야 태양전지판에 비정질 실리콘을 사용할 때 최종 산물인 청정 수소가 가솔린(그리고 공해)보다 싸게 생산하는 것이 가능하다는 것을 알게 되었다.

이런 과정들이 연구성과 중에서 시범으로만 제한된 다른 이유는 일반 국민들이 수소를 자동차나 가정에 공급되는 연료가 아닌 것 즉, 단지 위험하다고 생각하기 때문이다. 그들 속에는 힌덴버그와 수소폭탄과 같은 이미지가 존재한다(후자(수소폭탄)는 우리가 제안하고자 하는 것과 전혀 상관없는 사실임에도 불구하고).

그러나 다른 이유가 있을 수도 있다고 생각한다. 다른 이유보다는 강하진 않겠지만 관성이라는 게임의 일종이라고

'I've heard about it — but why bother changing?'

볼 수 있다. 많은 사람들은 새로운 것으로의 변화를 별로 좋아하지 않는다. 주유소는 이미 있고 연료를 판다. 이제까지 수십 년간 해온 것처럼 주유소에서 돈을 지불하고 차는 출발하는, 이대로의 상황을 유지하는 것은 매우 간단하다.

Just don't look up gentlemen . . . keep your eyes on your profits.

사람들은 기존의 연료로 인해 발생한 온갖 손실들을 다른 사람들의 문제라고 여기고, 그들이 깨끗이 해야 할 책임이 있고 이에 대해서 전혀 상관없다고 생각한다.

마지막으로 현재의 연료들을 생산하는 사람들의 자연스러운 반응은 지금 가장 상관없다고 생각하는 것이다. 그들은 의도적으로 우리에게 그들의 제품에서 나오는 환경 재난을 주지 않는다. 사실상 생산자들은 아직 온실가스 영향을 인정하지 않았다. 그리고 누구든 빌딩의 부식이나 삼림 파괴의 주범인 산성비와 암 등등을 말한다면 그들은 다른 방향으로 바라본다. 그들에게 가장 중요한 것은 자연으로부터 이미 만들어진 연료를 팔아서 이윤을 남기는 것이다.

사람들이 얼마나 환경문제가 심한지를 알게 되면, 사람들은 새로운 에너지원이나 청정연료로 바꾸는 것에 대해 주장할 것이다. 이러한 운동은 큰 석유 회사의 이사진들에게는 반갑지 않을 것이다. 그러나 이 세상은 사람들의 의지와 이익을 위해서 운영되는 것이지 큰 석유 회사에 의해 운영되는 것이 아니다.

민주적인 운동

대중 압박 힘의 좋은 사례가 1978년 이후로 원자력발전소를 지을 수 없는 미국에서 볼 수 있다.

1950, 1960, 그리고 1970년대에 90개 이상의 핵반응로가 만들어졌다. 그러나 1970년대에 핵반응로가 위험한 방사능 오염물질을 생산하는 것이 명백해졌고, 이런 오염물질이 건강에 주는 위험이나 위협의 정도가 항상 논쟁의 여지가 있었음에도 불구하고 몇몇은 이는 거의 무시할만하다고 하였다. 대중의 우려는 커지기 시작했다.

또한 대중은 폭발이나 화재, 1988년에 소련연방에서 실제로 발생한 체르노빌 재앙을 두려워했을지 모른다. 이때 발생한 방사능 잔재나 오염물질은 대부분의 북유럽에 퍼졌다.

그래서 사람들은 조치를 취하기 시작했다. 법정 싸움은 미국에서 매우 흔하다. 예를 들어, 개가 아이를 물거나 시끄러운 이웃 때문에 스트레스를 받거나 하는 것조차도 법정소송을 취할 수 있다. 사람들이 그룹을 형성하여 서로 뭉쳐서 경제적인 부담을 하며 그들의 목소리를 높여 자기들의 지역사회에 원하지 않은 원자력발전소 짓는 것을 멈추도록 법원의 강제명령을 얻어낼 수 있었다.

법원에서 강제명령을 취하게 되면, 반응로를 만들고 있는 회사는 강제명령을 받는 즉시 건설을 멈춰야 한다. 그 후 법원은 불평사항들을 조사한다. 보통 몇 달이 걸리는 과정이다. 전문가들은 서로 불리한 증언을 하고 결국 법원이 결정을 한다. 많은 사례에서 반응로에 반대하는 결정이 났고 반응로는 더 이상 짓지 못하고 남아있다. 발전소를 짓는 회사로서 이는 매우 비용이 큰 결과이다. 사람들은 이겼다.

그래서 미국의 대중들은 그들 스스로의 의지로 무언가를 변화시킬 수 있다는 것을 증명하였고, 정부(빅 브라더)가 조용히 하고 있는 모든 것이 때때로 올바르지 않는 행동들이라는 것을 알게 되었다. 핵반응로 케이스는 이를 증명하였고 대중들 힘의 본보기는 이 책의 주제와 관련이 많이 있다.

뉴스를 널리 알리는 것

책 저자들만이 이 지식을 널리 퍼트리는 것은 할 수 없다. 책을 몇 천명이 읽고, 그 사람 중에서 단지 몇 백명만이 몇 달 이상 지식을 유지하고 있을 것이다.

민주사회에서의 진보가 있으려면 정치적인 압박이 필요하다. 우리가 뽑은 대표와 그들을 도와주는 사람들이 유권자들의 관점을 알아야 한다. 그러므로 이 책의 독자들이 할 수 있는 가장 중요한 일은 뉴스를 널리 알리는 것이다. 뉴스란 대기오염, 산성비 그리고 지구 온난화 현상에 대한 치료법이 있다는 내용, 태양에너지를 모아서 완전히 깨끗하고 저장 가능한 연료인 수소를 생산하는데 사용하는 새롭고 혁신적인 기술에 관한 내용일 것이다.

그러면 어떻게 이 정보를 널리 알릴 수 있을까? 아마 이것은 여러분의 처한 상황, 열정과 사람들을 만나는 정도에 달려있다. 예를 들면, 어디서 일하는가? 공장, 회사, 정보통신 센터, 학교, 나이트클럽? 어디에서 일하든지 사람들과 대화할 가능성은 있다. 그들은 공기가 오염되거나 독이 있거나 파괴되는 것을 원하지 않지만, 일상 삶에서의 현재 에너지 시스템에 대한 실행 가능한 대안이 없는 이상 아무런 조치를 취하지 않을 것이다. 당신은 이러한 대안들이 무엇인지 설명해줄 수 있다. 이보다 더, 여러분은 이런 변화에 대한 주도권이 정부로부터 나오지 않을 것이라고 설명할 수 있다. 대중의 일부인 여러분들로부터 나와야 한다.

다음 단계는 몇 년마다 재선출되어야 하는 정부 대표자들에게 편지를 쓰거나 전화를 하거나 직접적인 방문을 하는 것이다. 그들은 사람들이 선거를 통하여 무엇인가를 원한다는 것을 알게 해야 한다.

게다가, 만일 이 책의 출판 후 몇 년 안에 에너지의 연속단계(태양-수소-물)의 지식이 모든 가정의 20퍼센트에 있다면, 거대한 변화를 일으킬 것이다. 만약 대중들이 실행가능한 대안이 있다는 것을 알게 된다면 태양수소 에너지 시스템의 시장이 형성된다. 그리고 기업들이 시장을 알게 된다면 돈과 노력을 투자하여 사람들이 원하는 것을 창조할 것이다.

여성들의 힘

최근에 동등한 권리에 관하여 많이 들어봤지만 여성들의 정치적인 영향력은 그만큼 있거나 있을 만큼 행사하고 있지 못하고 있다. 이는 특히 미래와 건강에 관한 문제라고 볼 수 있다.

우리들은 미래를 위하여, 우리 자신들의 좋은 미래를 위하여, 특히 우리의 아이들이나 그들의 아이들을 위해 준비해야할 필요가 있다. 우리들은 단기적으로 관심을 가지지 않고, 이제까지 언급한 새로운 기술이 만들어질 때까지 환경에 우리들이 주는 영향이 적어야 한다. 이러한 관점에서 여성들의 운동은 매우 적절하고 도움이 될 뿐만 아니라, 환경을 완전히 깨끗하게 만드는 데 초점을 둔다면 잠재적으로 매우 강하다. 여성들은 미래에 대해 생각하고 그들의 아이들 미래에 대해 생각한다.

하지만 여성들이 태양으로부터 나온 에너지로 청정 수소 연료를 기존에 있는 연료보다 적은 비용으로 생산할 수 있다는 아이디어에 관심이 있는 이유가 따로 있다. 오작동을 일으키는 핵발전소나 핵사고들로부터 나오는 낮은 강도의 핵방사선이 여성들의 몸보다 성장하는 태아에게 더 영향을 준다. 이러한 방사선은 뱃속에 있는 태아에게 매우 민감하고, 안 좋은 영향으로 인해 태어날 때 신체적인 결함을 가지고 태어날 수 있다. 게다가, 자동차 배기가스, 특히 일산화탄소는 뱃속에서 자라는 태아의 두뇌 발달에 영향을 준다. 이는 모든 임신부들이 두려워하는 공포의 일종이다. 지금까지 여성들은 이러한 노출을 피할 방법이 없고, 핵반응로를 만드는 것을 반대하는 것 외에, 공해물질에 그들의 노출을 제한하는 노력밖에 할 수 없다. 하지만 지금은 태양 수소 에너지 시스템이 긍정적인 청정 대안을 제공하고 있다.

당선된 관료들에게 글을 쓰기

당선된 대표자들에게 글을 쓰는 것은 민주주의의 일종이다. 사실, 여러 가지 방법으로, 투표용지 함을 제외하고, 이것은 민주주의가 실제로 작동하는 주요 방법이다. 당선자들에게는 보좌관이나 보조원들이 있고, 그들의 목적 중 하나는 어떤 것을 대중들이 말하는 지를 당선자에게 알리는 것을 도와주기 위해서이다. 결과적으로 정치인들은 유권자들이 원하는 것들을 들어줘야 한다.

그러면 당선자들에게 글을 쓰는 것은 좋은 방법이고 도움이 되지만 자주는 할 수 없을 것이다. 그러나 편지는 짧고 간결하게 쓰도록 해야 한다. 한 페이지면 충분하다. 편지 하나에 한 가지의 아이디어가 들어가도록 하고 더 이상 쓰지 않도록 해야 한다. 예를 들어 탄소세금을 제안하거나 오염을 시키는 사람들에게 세금을 내도록 요구할 수 있다.

불공평함을 없애는 것

우리는 우리들 스스로가 시민의 권리에 관심을 가지는 것에 대해 자부심을 가진다. 하지만 사실상 대기 오염은 모든 사람들의 시민 권리를 침해한다. 이는 우리들로부터 자유를 빼앗아 간다. 왜냐하면 대기 오염으로부터 벗어날 수 있는 곳은 이 지구에서 어디에도 없기 때문이다. 대기오염은 수명을 단축시키고 우리 모두에게 불공평하다. 가장 피해를 보는 사람들은 자기 자신들을 가장 방어할 수 없는 어린이, 노약자와 가난한 사람들이다.

어린 아이들의 면역 체계는 아직 발달 중이고, 더러운 공기로부터 발생한 호흡기 질환들을 막아내기 어려울 수 있다. 노약자들은 같은 증상을 반대의 이유로 고통을 겪게 된다. 이들의 면역체계는 노화되는 중이고 나이로 인해 예전에 질병들을 물리칠 수 있을 정도가 아니게 된다.

아마도 가장 악영향을 주는 것은 사람들이 도시 내부나 대도시 외곽에 살면서 버스나 트럭에서 나오는 디젤 연기들로부터 억지로 견디어야 하는 오염된 공기이다. 배기가스를 택시, 배달차나 이밖에 다른 차들이 신호등 앞에서 기다릴 때 배출한다. 세탁소나 빵집과 같은 작은 산업체들에서 연기를 배출하고, 철이나 종이를 생산하는 공장과 유틸리티(수도, 전기, 가스) 공장 같은 대형 산업체들이 먼지나

재를 배출한다. 가난한 사람이나 집이 없는 사람들이 머무르는 공간이기 때문에 대기오염으로 인해 만성적인 호흡기 질환을 감당할 수 없고 도시 밖에서 주거할 수 있는 비용을 지불할 수 없다.

이러한 불공평함을 없애야 한다. 우리들은 '대기 사용자 요금'을 만들어 사회적 비용을 제품의 비용에 추가하는 것을 지지한다. 이러한 요금들을 모아서 제조업분야, 운송수단 및 우리 가정에서 사용하기 위하여 깨끗하고 재생 가능한 에너지를 개발하는데 쓰도록 한다. 이렇게 하여 사람들 모두에게 삶의 질 즉, 숨쉬기 깨끗한 공기와 사는데 깨끗하고 안전한 환경을 제공할 것이다.

18. 가장 근본적인 부분

앞선 장들에서 봤듯이 화석연료는 오늘날 환경에 많은 재난을 불러일으키는 주범이다. 화석연료는 공기, 물 그리고 땅 오염이나 산성비 그리고 온난화 현상을 만들어낸다. 화석연료는 지구의 환경이나 기후에 돌이킬 수 없는 피해를 입힐지 모른다. 또한 우리들은 태양 수소 에너지 시스템이 깨끗하고 환경적으로 경쟁력이 있고, 태양에너지와 수소는 풍부하고 재생가능하다고 언급하였다. 태양 수소 에너지 시스템으로 전환하게 된다면, 다시는 다른 에너지 시스템으로 전환할 필요가 없을 것이다.

가장 궁금한 사항은, 만일 태양 수소 에너지 시스템이 놀라울 만한 것이고 화석연료가 많은 재앙을 불러일으킨다면, 왜 현재 사용하는 연료로써 태양으로부터 만든 수소를 이용하지 않는 것일까? 그 이유는, 현재의 경제 시스템에서 화석연료는 환경피해에 대해 돈을 지불할 필요가 없기 때문이다. 시장의 규칙은 화석연료 쪽으로 치우쳐 있고 대체 에너지원이나 연료 그리고 수소조차 배척하고 있다.

흑폐증, 폐기종, 폐암, 피부암 등과 같은 화석연료 관련 병들의 비용은 무엇일까? 목재 손실의 비용, 물고기가 사는 호수나 강의 손실에 대한 비용 그리고 오염된 바다의 비용은 무엇일까? 지구는 섬세한 생태계를 가지고 있어서 자연 정화를 통해 많은 공해들을 정화시킬 수 있다. (온실현상에 의해서) 생태계가 변하고 (산성비로 인하여) 자연 화학 균형이 영향을 받을 때, 지구가 스스로를 정화해야 한다는 것은 무엇을 의미한가?

이미 지구상에 있는 바다에는 우리들의 남용에 대한 결과들이 나타나고 있다. 남용은 수포나 암에 걸린 물고기, 특이하거나 보기 힘든 질병으로 인한 죽음, 바닷가에 많은 고래들이 누워있는 것, 어획량 감소 등을 들 수 있다. 우리가 바다오염의 두려움으로 도저히 바다에서 수영할 수 없을 정도로 오염되었을 때, 우리들은 바다에 사는 해양생물이 영향을 받지 않는다고 기대할 수 있을까? 우리들이 수생 생태계를 파괴시킬 때 우리들은 스스로를 또한 파괴시킨다. 그 이유는 물과 물 속의 생명들은 우리들의 삶에 필수적인 부분이기 때문이다.

그러면 인류 사회에서 이러한 손실들의 비용은 어느 정도인가? 화석연료로 인해 발생한 환경파괴에 대한 무서운 비용을 고려하고 연료자체의 비용을 더할 때, 우리는 우리 행성이 안고 있는 엄청난 부담과 지구를 깨끗하게 만들기 위해서 얼마만큼 비용이 들어갈 것인가를 이해하기 시작한다. 우리는 이런 부담을 덜 필요가 있다.

어떤 사람들은 금세기 말이나 다음 세기 초까지 액체화석연료(석유나 천연가스)의 생산이 줄어들 것이라고 예측한다. 이러한 감소를 타개하기 위해서 대체에너지 시스템을 결정해야 한다. 화석연료를 원재료로 사용하는 광범위한 제품들, 예를 들어 윤활유, 합성섬유, 아스피린 그리고

그밖에 약품들, 잉크, 페인트 그리고 셀 수 없을 정도로 많은 것이 있기 때문에, 미래 후손들이 못 쓰는 일이 없도록 지금 남아있는 자원들을 현명하게 사용해야 한다.

21세기 초가 되어서야 대규모의 수소 생산, 배분 그리고 저장 시스템이 만들어질 것이고, 수소를 감당하기 위한 장치들이 설계되거나 만들어질 것이다. 그리고 태양 수소 에너지 시스템으로 완벽히 전환하기 위해 필요한 수소충전소, 파이프라인 그리고 대형 수송 트럭들이 생기기까지는 몇 십년이 걸릴 것이다. 이는 나쁜 일은 아니다. 왜냐하면 우리들의 에너지 시스템을 바꾸는 것을 진행시키는 가장 좋은 방법은 한 번에 한 단계씩 하는 것이다. 예를 들면, 한 연료시스템에서 다른 것으로 갑자기 바꾼다면 재정적인 혼란을 야기할 수 있다. 하지만 더 빨리 이런 변화를 만든다면 더 빨리 화석연료로 인한 피해를 중지시키고 희망적으로 회복시킬 수 있을 것이다.

대안이 있는가?

이제 당신은 지금까지 책을 읽었다. 태양 수소 에너지 시스템으로 바뀌야 한다는 것이 명백하다. 하지만 조만간 화석연료가 고갈되는데 놀랍게도 많은 사람들이 현재 시스템이 영원히 지속되기를 바란다. 석유와 천연가스 매장량이 고갈된다면, 화석연료 옹호론자들은 첫째로 석탄 매장량을 이용하여 합성 석유 또는 가솔린(신가스)이나 합성 천연가스(SNG)를 만들 수 있다고 말한다. 그 후, 또 석탄이 고갈되거나 매우 비쌀 때에는 셰일 오일이나 타르모래를 이용할 수 있다고 한다. 결국에는 우리가 필요한 연료를 공급할 만큼의 오일 셰일이나 타르모래가 없을 경우에, 석회암에서 탄소를 추출하고 물로부터 생산한 수소를 이용하여 결합시켜 신가스나 SNG를 만들어내야 한다. 그 이후에 석회암이 고갈된다면(꽤 많은 산들이 필요함) 화석연료 옹호론자들은 공기 중에 있는 이산화탄소로부터 탄소를 얻고 물에 있는 수소와 결합하여 합성 탄화수소화합물을 만들 수 있다고 말한다. 이런 방법으로 화석연료 옹호론자들은 우리들이 충분한 화석연료를 가지거나 매우 비슷한 형태로 영원히 가질 수 있다고 말한다.

화석연료를 열렬히 지지하는 사람들은 신가스 또는 SNG를 앞선 방법들로 생산하는 것이 매우 비용이 많이 든다는 것을 언급하지도 않고, 이러한 연료들로 인해 발생하는 환경 피해의 지속적인 해결을 위해 드는 비용에 대해서도 언급하지 않는다. 이런 모든 비용들은 다른 여러 가지 형태로 찾아온다. 그 중 몇몇은 다른 것보다 덜 눈에 띄기도 한다.

떨어지지 않는 심한 감기로 의사들을 찾아가는 것이나, 오염된 공기나 산성비의 부식작용으로 인한 많은 녹슨 부분 때문에 차를 새로 도색작업 하는 것이 있다.

그러므로 화석연료 후 시대에 두 가지 주요한 후보들이 있다고 말할 수 있다. 합성 화석 연료(신가스, SNG) 그리고 태양 수소 에너지 시스템이다. 따라서 두 가지 가능성 있는 시스템을 생산가, 환경피해 그리고 이용효율성을 통해서 비교할 것이다.

생산가

물론, 신가스 및 SNG 같은 합성연료와 태양으로 생산한 수소(수소는 또한 합성연료라고 고려할 수 있지만 공해를 일으키지 않는다)의 생산 가격들은 공급하는 세계적인 에너지 수요를 고려하여 비교해야 한다.

앞서 읽은 바와 같이, 수소는 다양한 방법으로 태양을 이용하여 생산할 수 있다. 직접적인 열, 열화학, 전기분해 그리고 광분해가 있다. 하지만 태양에너지의 직간접적인 형태를 이용하는 것에서, 현재 가장 수소를 저렴하게 생산할 수 있는 방법은 수력발전(태양에너지의 간접적인 형태)이다. 합성 화석연료의 비용과 비교할 때, 셰일 오일이나 타르 모래로부

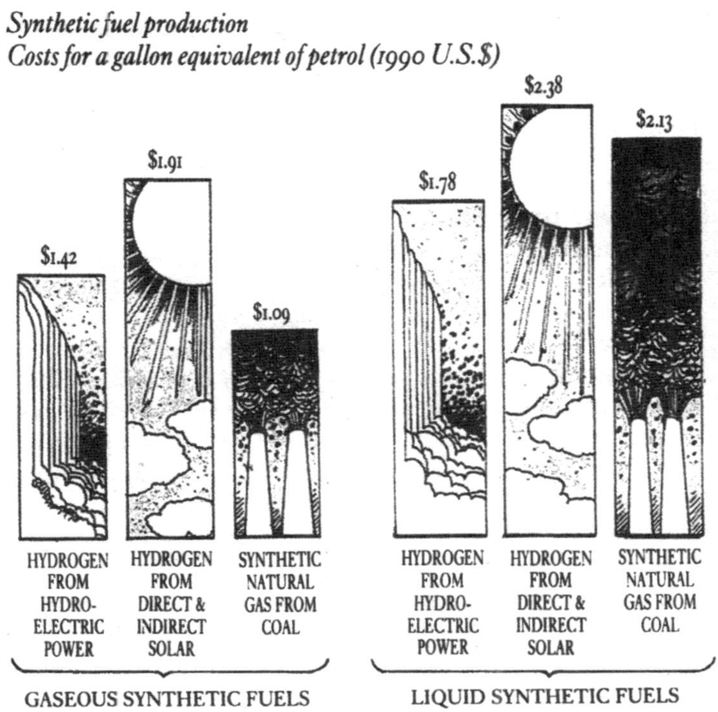

터 만드는 합성물은 더 비싸고, 석회석이나 수소로부터 만든 합성물 그리고 공기 중의 이산화탄소와 물로부터 얻은 수소로 만드는 합성물은 더욱 더 비싸기 때문에, 단지 석탄으로부터 만들어진 합성물들을 이용하여 비교할 것이다.

가스 합성물들 중에서 SNG가 가장 싼 반면 액체 합성물들 중에서 수력발전으로 인해 얻어진 액체수소가 가장 싸다(액체수소는 로켓이나 초고속 제트엔진에 적합한 연료라는 것을 기억해 볼 수 있다). 연료 가격 도표(위 그림)를 이용하면 어떤 연료가 더 싼지 쉽게 볼 수 있다. 하지만 이 가격은 생산비용만 나타내고 있다. 기억해둘 점은 화석연료나 합성연료는 환경적으로 드는 비용이 빠져있다. 만약 이러한 비용을 전부 더한다면 얼마나 높게 이들 막대가 늘어날까?

환경 피해

사회에 드는 연료의 비용을 계산하면 연료의 환경적인 영향들과 피해들은 확실히 고려되어야 할 사항들이다. 이러한 피해를 추정하기 위해 전 세계적으로 조사가 이뤄지고 있다.

화석연료는 생물권(우리가 숨쉬고 사는 부분)에 주 피해의 원인이다. 1990년 한 해만의 추정치로 화석연료는 300억 톤의 이산화탄소, 이 밖에 다른 가스들, 매연과 재를 배출하였다. 앞선 장들에서 읽었다시피 이러한 것들 모두가 공해를 발생시키거나 산성비 그리고 지구 온난화를 유발시킨다. 저장과 분배할 때 발생하는 누출이나 흘린 것들을 더하면 사람들과 자연환경에 미치는 피해는 극심해진다.

화석연료로 인해 발생하는 피해의 다른 형태는 석탄의 노천 채굴이 남긴 흉하거나 벌거벗은 풍경이다. 미국 정부

홀로 1980년부터 1989년까지 노천 채굴로 발생한 피해를 바로잡기 위해 토지 개간에 드는 비용만 미국 달러로 190억이 들었다고 보고되었다. 동시에 산업체도 같은 수준의 비용이 들었다.

농사할 땅이 공해로 인해 경작하기 부적합할 때, 이것은 사회에 부가적인 손실을 준다. 바꿔 말하면 손실은 농사할 땅을 바꾸는 것에만 한정되어 계산할 수 없다는 말이다. 땅을 사용하지 못하는 시간 또한 고려되어야 한다.

보고된 바에 의하면, 태양빛과 배기가스의 상호작용으로 인해 발생한 지상의 오존은 포도의 당도를 떨어뜨리고 이것은 이어지는 와인에까지 영향을 준다. 오존이 미국에서 연간 농사 생산의 5퍼센트 손실에 책임 있다고 추정되었고, 이는 브라질과 멕시코 두 나라에서 필요한 식량의 양에 충분한 수치이다.

숲에서 공해로 인해 발생한 파괴적인 영향은 이미 주목할 만하다. 산성비, 눈, 진눈깨비나 그밖에 다른 침전물은 땅에 흡수되고, 이것은 자연스럽게 금속들이나 다른 미네랄을 용해시키는데 이는 일반적인 빗물로 인해 정상적으로 용해된 것이 아니다. 이런 용해된 물질들 특히 알루미늄을 함유한 물질들은 어린 나무의 뿌리에 독이 된다. 대기 오염은 인간뿐만 아니라 동물에게도 해롭다.

다음으로 바다의 피해가 있다. 다양한 종류의 배로 인해 바다나 대양에 기름 유출이 발생한다. 특히 유조선tanker의 사고로 인해 발생한 유출사고는 대양이나 해안가를 오염시키고 수십억 달러의 피해를 준다. 1978년으로 돌아가서 아모코 카디즈란 유조선이 6천만 갤런의 원유를 수송 중 브리타니Brittany 해안에서 좌초되었다. 기름 유출사고로 인하여 그 지역에 미국 달러로 15억의 피해를 줬다. 다른 사고는 1982년 11월에 글로브 아시미가 480만 갤런의 연료로 쓰일 기름을 소련 근해의 발틱해Baltic Sea 해변에 버리게 되었는데 미국달러로 9억 상당의 피해를 입었다고 보고되었다. 1989년 알래스카의 발데즈 항구에서 액손 발데즈의 최근 좌초는 미국 달러로 110억 정도의 피해를 입힌 것으로 추정되었으며, 1991년 걸프전 동안 페르시안 만에 쏟은 많은 양의 기름 가격이다. 유조선이 바다에 상습적으로 버리는 평형(배 바닥)수가 공해를 끊임없이 추가하는 동안, 근해의 석유시추선에서 발생한 사고 역시 상당한 공해를 일으킨다.

하지만 공해와 이런 공해가 지구에 가하는 모든 문제들로 인한 피해가 매우 천천히 발생하므로, 우리들 대부분은 해수면 상승과 같은 세기의 가장 파괴적인 변화를 모르고 있다. 이런 사실은 세계적으로 모은 데이터로 입증되고 있고 극지방의 만년설과 빙하가 녹는 것이 발생하고 있다. 그리고 녹는 데에 기인한 온도증가는 온실현상의 결과이고, 온실현상은 결국 대기 중에 이산화탄소의 증가가 직접적인 원인이다. 현재의 해수면 상승률은 매년 약 1cm(1인치의 절반)정도로 추정된다. 그러나 심각한 온난화와 뒤이은 해수면 상승이 방대한 남극의 빙상을 빠르게 깨뜨리고 녹는 것을 가속시키므로 해수면 상승하는 정도는 더욱 커지리라 본다. 해수면 상승으로 인한 피해는 매우 클 것이다. 왜냐하면, 그 피해는 이집트, 방글라데시 그리고 루이지에나의 거대한 삼각주 같은 매우 비옥한 땅들뿐만 아니라 세계에서 가장 크고 인구가 밀집한 상업도시들이 포함되기 때문이다.

대기 중 이산화탄소와 그밖에 가스들의 양이 증가함에 따라 발생하는 온실현상은 또한 다른 심각한 결과들도 가져올 수 있다. 온도가 증가하는 것은 결국 현존하는 사막의 팽창에 영향을 줄 수 있다. 현재 온대지역은 아열대가 될 것이고 동시에 추운 날씨는 온난해질 것이다. 이는 결국 농사 가능한 땅을 북반구에서는 북쪽으로 남반구에서는 남쪽으로 밀어서 덜 비옥하거나 농사하기 적합하지 않은 지역으로 보낼 것이다. 결국 전 세계 농사 가능한 땅의 양이 줄어드는 반면, 세계 인구는 지속적으로 증가하고 있다.

공해는 인간에게 많은 잠재적인 위험한 효과들을 가지고

있다. 공해나 산성비로 발생한 인류의 질병들이 의학적 보호나 치료법으로 연구되고 있지만, 이로 인해 발생한 비용들은 정신적인 피해, 불편함, 일반적인 불행에 관련해서는 포함되어있지 않다. 사람들은 아플 때 불행하고 불행한 노동자들은 생산적이지 못하다. 아무도 이런 비용의 추정치를 제시하지도 못하고 있다.

아직 고려되지 않은 다른 요인은 정치적 위기에서 석유 공급원들을 보호하는데 드는 비용이다. 예를 들어, 1991년 걸프 전쟁의 비용은 석유회사가 아닌 사람들의 세금으로 지불되었다.

다음 면에 있는 도표는 환경문제로 얼마나 지불되는지를 나타낸다(1990년 미국 달러 기준). 하지만 이는 전부 포함된 리스트가 아니다. 고려되고 있는 항목들에 대한 총 추정된 피해는 석유 1 갤런 당 또는 이와 동등한 다른 화석연료 당 1.30 미국달러이다. 이러한 피해는 결국 일반 사회가 지불할 것이라는 것을 잊지 말아야 한다. 만약 지금 바르게 고치지 않는다면, 다음 세대들은 피해를 원상태로 되돌리기 위해 더 많은 돈을 지불해야할 것이다. 그리고 몇몇 피해는 절대로 원상태로 만들 수 없을지도 모른다.

이런 결과는 매우 흥미롭다. 이는 만약 우리들이 석유 1 갤런 당 평균 1 미국달러의 비용을 감당한다면, 사회에 미치는 비용은 갤런 당 2.30 미국달러가 될 것이다. 따라서 오늘이라도, 태양수소의 비용은 석유의 비용보다 (40퍼센트 정도) 낮을 것이다.

얼마나 효율이 좋은가

수소와 합성 화석연료를 비교할 때 소비자의 사용을 위한 이들의 효율을 비교하는 게 중요하다. 소비자들을 위하여 연료는 다양한 형태의 에너지를 생산해야 한다. 예를 들어 차에는 기계적으로, 발전소에서는 전기적으로, 요리 기구에는 열로 공급해야 한다. 거의 모든 적용분야에서 수소는 화석연료나 합성 화석연료보다 더 효율이 높게 원하는 에너지형태로 변환할 수 있다고 많은 연구들이 보여준다. 바꿔 말하면 수소를 연료로 사용하는 것은 더 높은 효율 때문에 에너지 보존의 결과를 만들어낸다.

221쪽 도표 왼쪽 부분에서, 운송기기와 상업적인, 기업 및 주택의 수요에 맞게 합성 화석연료 에너지가 1,000 단위로 시작한다. 이것은 오른쪽 부분에 나와 있듯이 같은 에너지의 수요에 맞는 에너지를 생산하는데 필요한 수소의 단위를 나타낸 것과 비교할 수 있다. 우리는 훨씬 적은 수소가 필요하므로, 수소가 훨씬 더 효율적이다.

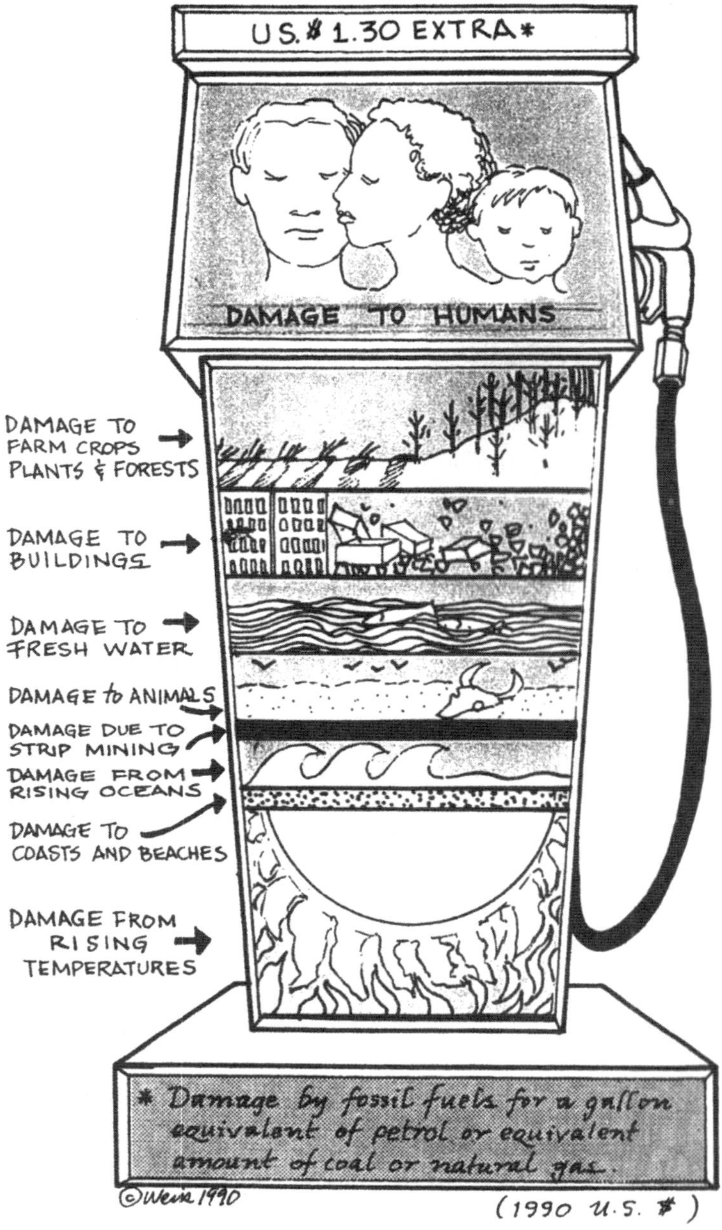
U.S.$ 1.30 EXTRA*
DAMAGE TO HUMANS
DAMAGE TO FARM CROPS PLANTS & FORESTS
DAMAGE TO BUILDINGS
DAMAGE TO FRESH WATER
DAMAGE to ANIMALS
DAMAGE DUE TO STRIP MINING
DAMAGE FROM RISING OCEANS
DAMAGE TO COASTS AND BEACHES
DAMAGE FROM RISING TEMPERATURES
* Damage by fossil fuels for a gallon equivalent of petrol or equivalent amount of coal or natural gas.
©Weiss 1990
(1990 U.S. $)

사회에 드는 비용

지난 3개의 절에서 각각의 합성연료가 사회에 드는 비용들에 대한 좋은 아이디어를 배웠다. 우리가 알고 있는 합성

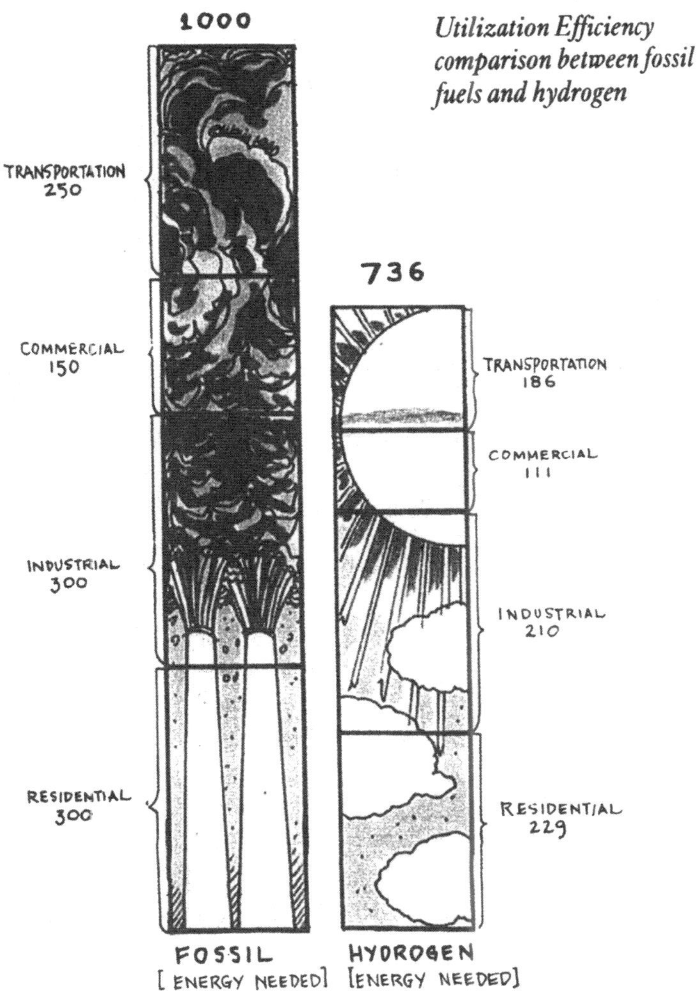

화석연료들을 보면, 화석연료나 합성화석연료를 사용하는 실제 비용을 이해하기 위해서는 환경 피해에 대한 비용을 생산비용에 더해야 한다는 것을 알았다.

직간접적인 형태의 태양에너지로부터 생산된 수소의 경우에는 태양빛 또는 수소, 에너지 중개자에 의한 환경 피해 또는 비용이 없다. 물론, 수소가 더 효율적이라는 사실 또한 계산하여야 한다. 이는 액체나 기체 상태 두 화석연료보다 약 26퍼센트 더 효율적이다. 다른 말로는 필요한 연료로부터 같은 양의 일을 얻기 위해서 우리는 화석연료보다 26퍼센트 적은 수소가 필요하다는 것이다.

만약 수소가스를 갤런이나 리터로 현재 연료처럼 측정하게 된다면 수력발전으로 생산한 수소가 실제 비용에 있어서 가장 싸다. 다음의 그림에서 볼 수 있듯이 사회에 드는 SNG의 비용은 수력발전으로 생산한 수소보다 두 배이다. 또한 이 비용은 수력발전을 통한 것이 아닌 직간접적인 태양에너지로부터 생산된 수소보다 (약 70%) 더 비싸다. 액체상태의 연료를 보면, 수력발전으로 생산된 액체 수소가 가장 싸고 다른 태양에너지 원으로부터 생산된 액체수소가 다음으로 싸다. 합성가스는 수력발전에서 나오는 수소보다 2.5배 정도 사회에 많은 비용이 들고 다른 태양에너지 원으로부터 생산하는 수소보다 약 2배정도 비용이 든다.

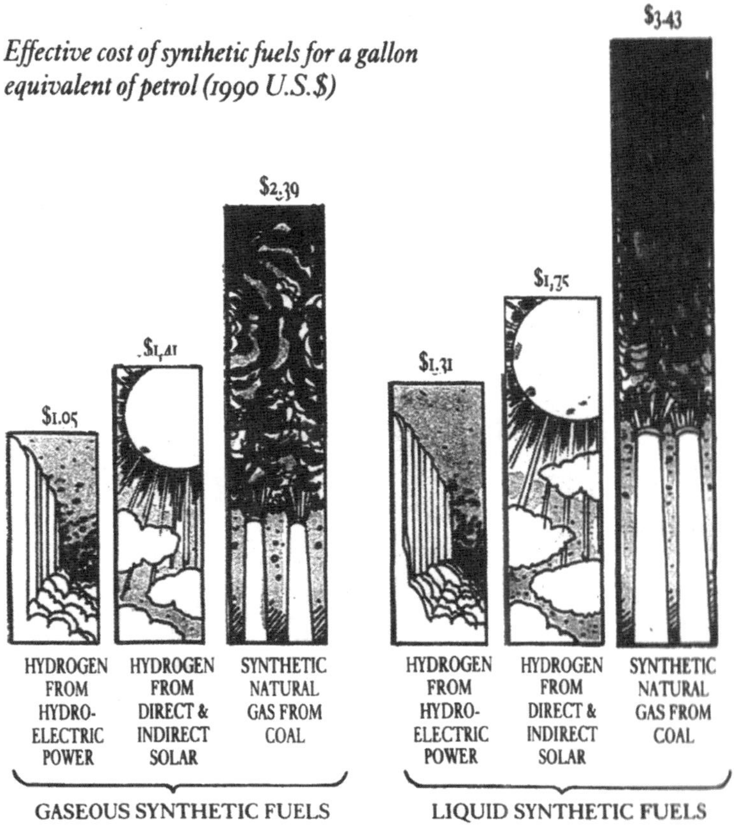

연료의 사회적 비용을 고려하는 다른 방법은 가능성 있는 미래 에너지 시나리오를 고려해보는 것이다. 우리들은 절반의 합성가스와 절반의 SNG로 에너지 요구량을 만족함으로써 현재 화석연료 시스템을 계속 유지할 수 있다. 합성가스는 차, 비행기, 기차 그리고 그밖에 다른 곳에서 이용가능하고 SNG는 오늘날 천연가스를 이용하는 곳 예를 들어 난방이나 요리하는 곳에서 이용 가능할 것이다.

다른 시나리오는 태양 수소 에너지 시스템일 것이다. 여기에서 액체수소로 25퍼센트의 에너지 필요량 즉 예를 들어 대기나 우주에서의 운송수단에 만족하고, 나머지는 수소가스로 만족할 수 있을 것이라고 가정한다. 수소의 3분의 1은 수력발전으로 생산하고 나머지는 직간접 형태의 태양에너지로 생산한다고 말해 보자. 반대편에 있는 차트는 실제 비용이 고려된다면 어떻게 비용이 바뀌는지를 나타낸다.

합성 화석 연료 시나리오가 사회에 주는 비용이 갤런 당 2.91 미국달러에 해당하는 것을 볼 수 있다. 태양 수소일

경우에 비용은 1.37 미국달러일 것이다. 바꿔 말하면, 합성 가스와 SNG 시스템의 비용은 태양수소에너지 시스템의 두 배 이상일 것이다.

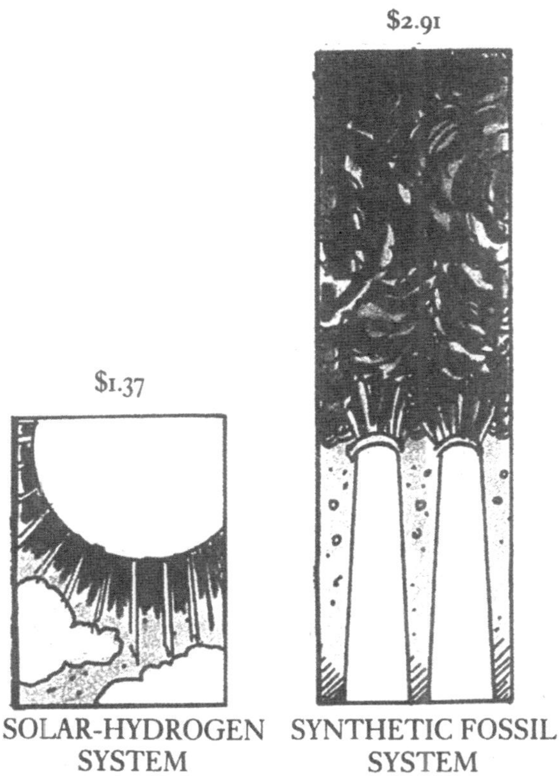

Comparison of Solar-Hydrogen and synthetic fossil fuels scenarios: effective cost of energy for a gallon equivalent of petrol (1990 U.S.$)

에너지 환경 해결책

태양 수소 에너지 시스템의 장점들이 의사 결정권자들, 입법자 그리고 공무원들의 관심을 끌게 될 때, 그들은 "수소는 좋은 생각이지만 석유보다 훨씬 비싸다. 개방된 시장이 어떤 에너지 시스템이 필요한지를 결정하도록 해야 한다."라고 답한다. 이런 답은 경쟁의 법칙이 정당하게 이뤄진다면 맞을 것이다. 하지만 현재 상황에서는 아니다. 이런 법칙은 더 낮은 석유의 생산비용이 호의적일지 모르지만 환경적인 영향에는 무책임하다. 우리들은 생산비용뿐만 아니라 환경 피해에 대한 보상이 고려되는 새롭고 정당한 법이 필요하다. 화석연료는 이런 피해들에 대해 책임을 져야 한다.

이런 아이디어들을 명확하게 하기 위하여, 전 세계적으로 약 65명의 에너지와 환경 과학자들이 베지로글루Veziroglu와 보크리스Bockris 교수들 지도하에 "에너지 환경 해결책" 초안을 냈다. 이것을 여기에 여러분들이 생각해보도록 재인쇄한 것이다.

에너지 환경 해결책

세계 어느 나라에서든지 자신들의 생활수준을 늘리려고 노력하고 있으므로, 모든 적절한 보존 정책을 채택하면서도 궁극적으로는 에너지의 소비를 증가시킬 수밖에 없다.

현재 주 에너지원이 화석연료이지만, 화석연료의 양은 한정되어 있고 결국 고갈되므로, 그 생산량의 감소는 다음 세기 초 또는 그 이전에 시작될 것이라고 예상된다.

반세기정도 걸릴 것이라고 예상되는 자연스러운 전환을 이루기 위해, 남은 화석연료 자원들(그리고 원자력과 같은 기존의 에너지 자원들)을 사용하여 차세대 에너지 시스템으로의 변환을 계획하고 시작하는 것이 현명하다.

대체물이 없는 비연료 제품들(윤활류, 합성섬유, 플라스틱과 비료)을 위해, 화석연료의 공급을 줄여 보존하는 것 또한 현명한 방법이다.

화석연료의 연소생성물이 생물대기권(생명체에게 도움을 주는 우주에서 유일하게 알고 있는 영역)의 손상을 주는 원인이 되고, 특히 공해, 산성비, 이산화탄소 그리고 발암성 물질들을 통해 삶의 구성요소에 피해를 준다.

연소생성물과 이들의 해로운 영향은 국경이 없다.

생물대기권을 깨끗하게 유지하고 삶에 적합하게 만드는

것이 가장 중요하고, 에너지원들과 에너지 운반체들을 가능한 깨끗하게 하여야 한다.

깨끗한clean 기본 에너지원들이 존재한다.

두 종류의 에너지 운반체 예를 들어 전기(소비자들 수요의 약 4분의 1)와 연료(수요의 약 4분의 3)가 필요하다.

환경적으로 가장 친화적이고 가장 효율적인 연료 에너지 운반체 즉 수소의 이용과 생산에 대한 기술이 있다.

인위적인 요소들(에너지 또는 다른 것)이 생물대기권을 해하거나 또는 생명체에게 위협을 가하는 것을 막기 위해서 자체적 규제 시스템이 필요하다.

이를 해결하기 위해서:

생산물(에너지 운반체 그리고 다른 것)은 생물대기권 그리고 생명체에게, 직접적으로 또는 폐기와 제조를 통해서, 피해를 주는 데에 책임을 지게 한다.

환경 피해를 감당할 수 있도록 각 생산물의 가격에 환경부담금을 포함시키도록 한다.

생물대기권, 생명체 그리고 구조물들의 피해를 회복하기 위해서 적절한 관련기관이 환경 부담금을 사용하여 관련 의학적인, 원상복귀와 구제 비용으로 쓰게 하고 피해자들에게 보상을 하도록 한다.

환경 부담금을 공정하고 평등하게 이용할 수 있는 국제적인 회사가 필요하다.

위 사항의 실행

위 실행은 다음과 같은 결과들과 보편적인 이익을 초래할 것이다.

결국 현재 화석연료 시스템은 깨끗하고 친환경적인 에너지 시스템 즉, 수소 에너지 시스템Hydrogen Energy System으로 확실하게 바뀌질 것이다.

화석연료와 원자력 같은 에너지는 수소시스템으로 격변없이 자연스러운 변화를 하는 동안 이용될 것이다.

화석연료들의 몇몇 공급원들은 대체물이 없을지도 모르는 비연료non-fuel 제품들을 위하여 보존될 것이다.

이것은 세계 경제 발전을 증진시키고, 이로 인해 점진적으로 보다 적은 비생산적인 일을 하는 국제적인 협조가 환경피해를 회복하는데 필요로 할 것이며, 효율적이고 재생가능한 에너지 운반체의 이용으로 할 것이다.

생산물은 그들의 제조방법과 폐기를 친환경적으로 보장해줌으로써, 생물대기권과 생명체를 멸종으로부터 구한다.

해결책에서 표현된 방침들은 이미 작은 규모로 적용되어 오고 있다. 예를 들어, 만약 공장의 공해가 주변의 농장에 피해를 주면 농장주는 보상을 받는다. 우리들이 제안하는 것은 이러한 방침이 보편적으로 적용되어야 하고, 가스 파이프라인 누출이나 원유 유출과 같은 일시적 피해뿐만 아니라 산성비로 인해 피해를 입은 사탕단풍나무의 손실과 같이 오랜 시간동안 에너지원으로부터 멀리 떨어져있는 장소에서 발생할 수 있는 장기간 피해에 대해서도 적용되어야 한다. 이러한 시스템 하에 생산물의 가격을 계산할 때, 부담액은 생산과 제조에 따른 환경적 피해의 손실액을 보상하도록 더해질 것이다. 적절한 관리기구하에 부담액은 공해에 의한 생물대기권의 피해를 회복하고, 관련 의학적인, 원상복귀와 구제 비용을 포함하여, 피해자들을 보상해주도록 사용될 것이다. 공해를 만든 사람들이 부담액을 지불한다는 논리가 법으로 만들어지면, 청정하고 안전한 연료에 투자하는 데에 매우 큰 인센티브가 주어질 것이고, 태양 수소 에너지 시스템은 확실한 선택이다. 그밖에 다른 중요한 혜택들이 있을 것이다. 결과적으로, 이는 모든 생산물은 깨끗하고 친환경적이 되도록 강요할 것이다. 이는 천천히 죽어가는 생물대기권을 구하고 지구상의 생명체를 보존한다. 그리고 인류와 동식물 같은 지구상의 거주자들에게 더 좋은 삶의 질을 제공할 것이다.

따라서 우리들은 당신, 우리의 독자들, 일반 대중들이 당신들의 입법자나 공무원들에게 해결책에서 제시한 논리들을 포함한 법이 통과되도록 주장하기를 요청한다.

당신이 설명해야 할 사항은:

- 이것은 환경을 보호할 것이다.
- 이것은 공공의 건강을 보호할 것이다.
- 이것은 낭비적인 비용을 줄여줄 것이다.
- 이것은 친환경적인 생산방법과 제품에 대하여 고유의 인센티브를 제공해 줄 것이다.
- 그리고 이것은 환경피해를 복구하고 공해 관련된 의료서비스에 들어가는 비생산적인 비용이 점차적으로 없어지기 때문에, 흔히 세금 감소를 의미하는 소비자의 비용을 줄여주는데 도움을 준다.

태양 수소 에너지 시스템은 시기적절한 아이디어다. 후퇴라는 것은 있을 수 없다. 이는 효과를 거둘 것이라는 데에 의심할 여지가 없고, 맑은 지구는 그에 상응한 에너지 시스템(생태계에 도움이 되는 시스템)을 가질 것이다. 그러므로 알다시피, 모든 것은 당신의 선택에 달려 있다.